高 效 推 进 知 识 产 权 强 国 战 略 丛 书

专利技术转化和运用
案例分析

国家知识产权局专利局专利审查协作广东中心◎组织编写

张智禹　　杨隆鑫◎编著

知识产权出版社

全国百佳图书出版单位

—北 京—

图书在版编目（CIP）数据

专利技术转化和运用案例分析/张智禹，杨隆鑫编著. —北京：知识产权出版社，2022.6

ISBN 978 - 7 - 5130 - 8158 - 0

Ⅰ.①专…　Ⅱ.①张…②杨…　Ⅲ.①专利技术—转化—研究—中国　Ⅳ.①G306.0

中国版本图书馆 CIP 数据核字（2022）第 074310 号

内容提要

本书结合国内外相关创新主体在专利技术转化和运用中的实际案例，从宏观层面上探讨专利技术转化和运用的政策制度与体制机制，从微观层面上阐述专利技术转化和运用的要点与策略方法。希望本书能够帮助读者解开专利技术转化和运用工作中的困惑，提升专利技术转化和运用的理论与实践水平。

责任编辑：李　潇　刘晓琳　　　　　责任校对：谷　洋

封面设计：杨杨工作室·张　冀　　　责任印制：刘译文

专利技术转化和运用案例分析

国家知识产权局专利局专利审查协作广东中心　组织编写

张智禹　杨隆鑫　编著

出版发行：知识产权出版社有限责任公司	网　　址：http://www.ipph.cn
社　　址：北京市海淀区气象路 50 号院	邮　　编：100081
责编电话：010 - 82000860 转 8133	责编邮箱：3275882@qq.com
发行电话：010 - 82000860 转 8101/8102	发行传真：010 - 82000893/82005070/82000270
印　　刷：三河市国英印务有限公司	经　　销：新华书店、各大网上书店及相关专业书店
开　　本：720mm×1000mm　1/16	印　　张：9.25
版　　次：2022 年 6 月第 1 版	印　　次：2022 年 6 月第 1 次印刷
字　　数：157 千字	定　　价：79.00 元
ISBN 978 - 7 - 5130 - 8158 - 0	

总　序

在我国进入新发展阶段的时代背景下，知识产权作为国家发展战略性资源和国际竞争力核心要素的作用更加凸显。2018 年 4 月 10 日，国家主席习近平出席博鳌亚洲论坛 2018 年年会开幕式并发表主旨演讲，强调加强知识产权保护是完善产权保护制度最重要的内容，也是提高中国经济竞争力最大的激励。2020 年 11 月 30 日，习近平总书记在十九届中央政治局第二十五次集体学习时指出，知识产权保护工作关系国家治理体系和治理能力现代化，关系高质量发展，关系人民生活幸福，关系国家对外开放大局，关系国家安全。

我国的知识产权事业经过多年发展已经取得了长足进步，特别是党的十八大以来更是加速发展，日新月异，成绩喜人，但总体而言，如习近平总书记所指出，我国正在从知识产权引进大国向知识产权创造大国转变，知识产权工作正从追求数量向提高质量转变。新时代迫切需要大作为，以早日实现上述两个转变。

中共中央、国务院在 2021 年 9 月印发的《知识产权强国建设纲要（2021—2035 年）》（以下简称《纲要》），是以习近平同志为核心的党中央面向知识产权事业未来十五年发展作出的重大顶层设计，是新时代建设知识产权强国的宏伟蓝图，是我国知识产权事业发展的重大里程碑。建设知识产权强国是建设社会主义现代化强国的必然要求，是推进国家治理体系和治理能力现代化的内在需要，是推动高质量发展的迫切需要，是推动构建新发展格局的重要支撑。《纲要》明确了 6 个方面 18 项重点任务，其中将开发一批知识产权精品课程，开展干部知识产权学习教育作为"营造更加开放、更加积极、更有活力的知识产权人才发展环境"的重要一环。

国家知识产权局专利局专利审查协作广东中心（以下简称"审协广东中心"）是经中央编办批复，于2011年9月成立的具有独立法人资格的公益二类事业单位，隶属国家知识产权局专利局。受国家知识产权局专利局委托，审协广东中心主要履行发明专利审查和知识产权服务两大职能。成立以来，审协广东中心人员队伍不断壮大，现有员工近2 000名，审查员中研究生以上学历占比90%以上，已形成一支覆盖机械、电学、通信、医药、化学、光电、材料等各个专业技术领域的高素质人才队伍，为高质量专利审查和高水平创新服务提供了坚实的人才保障。截至2021年10月，审协广东中心秉持"保护创新，让创造更具价值"的使命和"开放、包容、务实、创新"的理念，累计完成了超过120万标准件发明专利的实质审查。2021年的年审查量占全国的六分之一左右，成为我国专利审查事业的一支依靠力量。此外，审协广东中心按照"立足广州、辐射华南、示范全国"的思路和追求积极开展知识产权服务工作，包括战略新兴产业导航预警、分类检测、重大项目咨询、助力科技攻关和"卡脖子"技术突破、知识产权培训等多方面知识产权服务，累计已完成数百个项目，取得丰硕成果和良好的社会效益。十年来，审协广东中心在知识产权服务方面已在华南地区乃至全国具有较大影响力。

作为规模和能力已经凸显的国家专利审查和知识产权综合性服务机构，审协广东中心有责任利用自身优势和资源在做好发明专利实质审查的同时服务区域经济，依托十年来结晶而成的智慧和经验开发一批知识产权精品课程，以利开展知识产权学习教育，增强全社会在新形势下做好知识产权工作的能力，为构建新发展格局做出有益贡献。

为此，审协广东中心遴选优秀的工作人员成立"高效推进知识产权强国战略"丛书专项工作组，并组成由中心领导班子成员牵头的编委会。工作组成员均具有较高的理论修养、丰富的实践经验以及贡献自身智慧和经验的热情，有的成员还是丛书中相关成功案例的直接参与者和重要贡献者。同时，各分册的内容均按照撰写加审稿的模式进行双重把关，以保障书籍内容的正确性和可靠性。该套丛书集审协广东中心智慧，按照"注重实效、重点突出、开阔思路、全球眼光"的原则，历时一年多，精心编撰而成。

在全国上下深入贯彻落实《纲要》的总体要求和重要部署的背景下，审协广东中心组织编写本套丛书可谓正当其时。丛书包括十个分册，分别从知识产权政策、高价值专利创造与培育、专利申请与布局、专利代理与服务、专利审查实践与专利权获取、专利文献检索、专利导航与预警分析、专利运营、专利技术转化和运用案例、知识产权保护与维权等方面对知识产权的创造、运用、保护、管理和服务等重要链条结合相关工作的最新进展进行了充分阐述，回答了如何培育高价值专利、如何对创新成果进行布局、如何从审查角度看专利代理、如何把握专利审查标准、如何进行专利文献检索、如何在产业上提前导航和预警、如何对成果进行运营和转换、如何护航创新主体"走出去"等重要问题。

本套丛书具有如下特点。一是坚持问题导向，丛书结合业界目前存在的不足给出有针对性的解决方案。二是坚持全面性原则，十个分册从不同方面涵盖了知识产权的创造、运用、保护、管理和服务等从创新到保护的全链条。三是坚持实用性原则，丛书紧扣实际案例，强化可参考性。四是坚持时效性原则，丛书将知识产权工作的最新进展纳入进来，以利于业界了解知识产权发展的最新动态。

本套丛书有助于全社会充分了解和认识知识产权在新时期的重要价值，有助于科技攻关、创新护航、政府管理和企业赋能，有助于进一步推进知识产权强国建设。期望本套丛书的出版能为来自政府、高等院校、研究机构、创新主体、知识产权服务机构等的管理、研究和从业人员提供有力参考，使得审协广东中心和业界共同谱写我国知识产权工作的辉煌新篇章。

在丛书编写过程中，工作组得到了国家知识产权局领导的热情鼓励，审协广东中心领导的大力支持和专项工作组同事的齐心付出是丛书得以问世的重要保障。知识产权出版社编辑同志精益求精的工作作风和严格把关的质量意识推动了丛书的高质量出版，在此一并表示衷心的感谢。

前　言

专利制度在我国经过四十多年的建设和发展已经生根发芽，如今我国正在从专利大国向专利强国转变。国家领导人也多次在国内外重要场合强调知识产权的重要性。现如今，不论是国际层面还是国家层面，都已经将知识产权特别是专利，视为重要的战略性资源。

近十年，在国家知识产权战略和创新驱动发展战略的大力推动下，我国技术创新和专利申请量呈现了迅猛增长的态势。到 2020 年，国内（不含港澳台）每万人口发明专利拥有量达到 15.8 件。但是不可否认的是，我国专利技术转化率目前仍不高，能够很好地转化运用专利实现其经济价值的案例不多。究其原因是多方面的：对于很多高校与科研院所而言，专利制度尚不健全，评价体系有待完善；对于企业而言，特别是中小企业，内生的研发转化动能不足。

2015 年，国务院发布了《关于新形势下加快知识产权强国建设的若干意见》，明确提出了有效促进知识产权创造运用。可见，国家层面已经将专利技术转化和运用作为知识产权强国建设的一个重要方面。中华人民共和国科学技术部、中华人民共和国财政部、中华人民共和国教育部、国家知识产权局等相关部委近几年也大力推进专利技术转化和运用。《中华人民共和国促进科技成果转化法》的修订、《事业单位国有资产管理暂行办法》的修改、《中华人民共和国专利法》的第四次修改等，都是专利技术转化和运用的法制建设和体系建设方面取得的丰硕成果。

专利技术转化和运用在知识产权事业蓬勃发展的大背景下不断向前发展，但客观上分析，我国的专利存量很大，专利增速也仍然很迅猛，如何顺应市场的需求，培育高价值专利，盘活专利资源，深入全面地推进专利转化和运用的工作仍然亟待知识产权工作者深入思考。因此，研究专利技术转化和运用，特别是解决当前专利技术转化和运用工作中的核心难题恰逢其时。

本书结合国内外相关创新主体在专利技术转化和运用中的实际案例，深入分析其中成功的经验与失败的教训，从宏观层面上探讨了专利技术转化和运用的政策制度与体制机制，从微观层面上阐述介绍了专利技术转化和运用的重点要点与策略方法。希望本书能够帮助读者解开专利技术转化和运用工作中的困惑，提升专利技术转化和运用的理论和实践水平。

目　录

第一章

专利技术转化和运用情况概述

党中央、国务院一贯高度重视知识产权工作，并将知识产权公共服务相关工作纳入国家政策。习近平总书记在党的十九大报告中指出，要"倡导创新文化，强化知识产权创造、保护、运用"。国务院于2016年年底印发《"十三五"国家知识产权保护和运用规划》将"知识产权运用效益充分显现。知识产权的市场价值显著提高，产业化水平全面提升，知识产权密集型产业占国内生产总值（GDP）比重明显提高，成为经济增长新动能。知识产权交易运营更加活跃，技术、资金、人才等创新要素以知识产权为纽带实现合理流动，带动社会就业岗位显著增加，知识产权国际贸易更加活跃，海外市场利益得到有效维护，形成支撑创新发展的运行机制"列为发展目标之一，将"加大高技术含量知识产权转移转化力度"作为一项主要任务，将"加强知识产权交易运营体系建设"作为重大专项之一。

当前，知识产权制度已成为我国促进经济发展、激励科技创新、提高核心竞争力的基本保障。党的十八大以来，我国经济社会发展进入转型升级的关键阶段，实施创新驱动发展战略，创新创造是起点，企业、高等院校、科研机构等企事业单位是我国创新创造的源头和重要组成部分。如何强化企业、高等院校、科研机构等企事业单位专利技术的转化和运用是亟待解决的难题。

2014年，中华人民共和国财政部（以下简称"财政部"）、中华人民共和国科学技术部（以下简称"科学技术部"）、国家知识产权局联合下发了关于开展深化中央级事业单位科技成果使用、处置和收益管理改革试点的通知。2015年3月，中共中央、国务院印发《中共中央、国务院关于深化体制机制改革加快实施创新驱动发展战略的若干意见》，对创新驱动发展作出了全面的部署。2015年8月第十二届全国人大常务委员会第十六次会议审议通过了《全国人民代表大会常务委员会关于修改〈中华人民共和国促进科技成果转化法〉的决定》。在一系列国家政策的引导下，企业、高校、科研机构等企事业单位专利技术的转化和运用正在逐渐步入正轨。

本章将介绍专利技术转化和运用的起源，专利技术转化和运用的现状，特别是国内高校、科研院所和企业的有关现状，国外专利技术转化和运用模式，总结国内外专利转化与运用的特点，以及探讨专利技术转化和运用中的主体、客体和环境因素，分析确定专利技术转化和运用的定义和作用。

第一节 专利技术转化和运用的发展历史

一、专利技术转化和运用的起源

世界上最早的"专利"出现在 1331 年的英国，当时的英国国王爱德华三世授予工艺师约翰·卡姆比在"缝纫和染织技术"方面"独其专利"①。这时期的"专利"主要是一种"技术保护"，是为了避免外国的制作坊将英国的先进技术窃取，这就已经不同于我国汉代的"盐铁专营"了。可见，早在 14 世纪，技术本身的运用就已经上升到权利的层面，可以成为一种"私权"，在这个时候，专利制度更多体现的是保护专利技术运用的作用。通常情况下，能够产业化或者已经产业化的技术才有可能申请专利。

17 世纪初期，英国女王伊丽莎白一世曾多次向发明者授予专利权，不过当时的授予仍是采取钦赐的模式。她的继位者詹姆斯一世在位时期，议会中新型的资产阶级代表尝试以立法来取代君主赐予特权的传统。这个目的在 1624 年英国实施的垄断法（The Statute of Monopolies）中实现了。该垄断法被称为世界上第一部现代意义的专利法②。它宣布以往君主所授予的特权一律无效，规定了发明专利权的主体和客体、可以取得专利的发明主题、取得专利的条件、专利有效期以及在什么情况下专利权将被判为无效等。数百年过去了，专利制度向前迈了一大步，垄断法奠定了现代专利

---

① 简红江，刘仲林. 专利制度下中日发明创造观的差异比较 [J]. 科技管理研究，2012，32（23）：250.
② 郑成思. 知识产权法 [M]. 北京：法律出版社，2003：5–8.

制度的基础。

18 世纪初，英国在其专利法中开始要求发明人必须充分地陈述其发明内容并予以公布，以此作为对专利的"对价"（Consideration）。专利制度就以资产阶级合同的形式反映出来了①。专利的取得成为一种"订立合同（契约）"的活动，英国作为第一次工业革命的发源地，也是专利法和版权法的最先实践者，这并非仅仅是历史的巧合。著名的诺贝尔经济学奖获得者道格拉斯·诺斯对此进行了研究，并提出："正是因为英国实施了知识产权制度，保护了发明创造者的利益，刺激了发明创造者的热情，从而使得发明大量涌现并带来浪潮般的技术革新，进而，启动了第一次工业革命并创造了现代经济增长的奇迹。"

随着第一次工业革命的发展，知识产权激励机制对科技经济的巨大贡献得到社会认可。在美利坚合众国宪法中，第 1 条第 8 款规定就确立了保护知识产权的条款，被后人称作是"鼓励发明的建国精神"。美国前总统林肯的名言"专利制度就是给天才之火添加利益之油"，更是成了流芳百世的知识产权名言。由此，美国涌现出了一批像爱迪生、贝尔这样的天才发明家，推动了第二次工业革命的发展，使一个仅有 200 多年历史的年轻国家发展成为当时世界上拥有最先进的科学技术和最强的经济实力的国家。

统计数据显示，当时美国经济发展的各个重要阶段都伴以专利申请量的高潮：第一次高潮发生在 19 世纪 80 年代，美国经济进入工业化阶段。第二次高潮从 1902 年开始到 1916 年结束，汽车和飞机行业飞速发展带动美国经济进一步发展。第三次高潮发生在 20 世纪 60 年代至 80 年代中期，计算机产业迅猛发展，美国进入信息时代。专利制度在英国和美国的技术创新和经济腾飞过程中起到了至关重要的作用，并逐渐趋于完善。

世界各国均非常重视知识产权制度。各国发展的实践证明，知识产权制度以及实施的知识产权战略，为各国的经济和社会发展起到了护航、引领和支撑的作用。以专利为核心的知识产权日益成为一个国家发展的战略性资源和国际竞争力的核心要素，实施专利战略已成为加速培育和发展国

---

① 蒋建湘. 专利法的若干哲学思考［D］. 长沙：中南大学，2003：6 - 10.

家核心竞争力的重要举措。

专利制度是一项激励创新和保护创新的基础性制度，其依托市场经济下的社会及法律环境，推动创新体系有序运行，实现鼓励创新、促进经济社会发展的核心价值。

从专利制度的历史渊源来看，其实质上是为了推动发明创造的应用，促进科学技术进步和经济社会发展，这本身就是专利技术转化和运用的核心精髓。专利制度作为一种法律制度体系，它的存在体现了一种社会属性。专利技术不是凭空设想的计划，也不是科学研究的论文，它具有自身的特殊性，从专利制度设计之初，就确定其提供保护的技术必然应当可以实现和应用，能够为社会创造价值。专利技术的转化和运用是随着专利制度的诞生而实现的，在专利制度的历史长河中扮演了重要的角色。

在现代社会，专利制度的发展呈现多元化的态势，各国专利法的具体条款均有所差异，其实质的目的和作用也有所不同。在政策层面的影响下，专利技术的转化和运用情况也呈现了多元化的态势。

二、专利技术转化和运用的现状

1. 国内高校及科研院所

2010 年至 2020 年（截至 2020 年 10 月），中国科技人员共发表国际论文 301.91 万篇，连续四年排在世界第二位，数量比 2019 年统计时增加了 15.8%；论文共被引用 3605.71 万次，增加了 26.7%，排在世界第二位。但绝大多数科技论文没有转化为专利技术，并且专利技术中真正能够实现转化和运用的很少。专利技术转化率偏低是一个不容忽视的问题。据有关方面统计，我国每年拥有 20000 余项比较重大的科技成果并产出 5000 多项专利，但最终转化为工业产品的成果不足 5%，而发达国家转化率高达 45%①。

近年来，国家一直大力支持知识产权事业，鼓励发明创造。我国出台并修订了一系列法律法规，如《中华人民共和国促进科技成果转化法》

---

① 蒋向利. 高校科技成果转化：巨大潜力待释放 [J]. 中国科技产业，2015 (9)：14.

《中华人民共和国科学技术进步法》等，其目的之一就是为了推动高校和科研院所的科技成果能够顺利地转化和运用。但国家层面的法律法规具有上位法的一般特点，其具有普适性但并不一定适用于每一所高校和科研院所，各单位间个体化差异是非常明显的，上位法通常无法解决具体问题。因此，科技成果转化相关法律法规的落实必须有相关层面、更加贴合实际情况的配套制度。然而，大部分高校缺乏应有的制度体系。根据调查了解到的实际情况，大部分高校仅有对于专利相关的一些资助和奖励的制度，缺乏实际可落地的推动专利转化和运用的制度体系，高校的知识产权相关部门承担的是专利管理相关的工作，包括专利撰写、申请、答复以及对外协调沟通等，缺少专利技术转化和运用的相关职责。

2. 国内企业

企业与高校和科研院所相比有着显著的差异。一方面，企业一般不追逐学术成果的最大化，没有对于发表文章或者申请专利的硬性要求，主要是督促和鼓励员工创新、创造，并保护相应的成果；另一方面，企业更加关注主营业务的发展，针对主营业务开展研究，申请专利也是为了保护自有技术。

因此，从专利技术成果转化情况来看，国内企业要好于高校，但并不代表没有问题，国内企业两极分化现象较为明显。一方面，规模以上企业如华为、腾讯、阿里巴巴、格力等非常重视知识产权工作，也专门设立了知识产权管理部门，培养了一批知识产权精英和专家，可以将专利制度与企业的技术很好地结合起来，充分实现专利技术成果有效转化。但另一方面，中小企业仍存在不少问题，受营收压力的影响，中小企业经营者将精力放在生产、销售、服务等环节，对于在生产经营中创造的新技术或改进方案，进行专利保护的意识薄弱。很多中小企业经营者认为，知识产权跟自己的企业关系不大，企业规模太小，不需要考虑专利布局的问题，专利转化和运用更是无从谈起。我国中小企业的专利转化和运用意识普遍薄弱，由于物质条件和技术条件方面存在短板，企业的创新能力也受到很大影响。即使是拥有部分专利的中小企业，很多也对专利转化和运用缺乏认知和理解。经研究分析，大部分中小企业未设立知识产权部门，即使部分企业设置了相关的职能，也是融于法务部内部，承担的多是知识产权相关流程的工作。这也就使得技术创新和运用与专利管理脱钩，导致很多中小企业仅仅是为了申请专利而申请专利，对于技术如何落地则知之甚少。目前，我国专利转化与运用在不同规模的企业中，呈现出不同状况。

从国内的实际情况来看，企业仍然是专利申请的主体，华为等企业的创新能力非常突出，但创新的整体水平并不高。据《2021 年全球创新指数》报告显示，中国排名第 12 位。中国专利申请量连续多年位列世界第一。可见，我国存在专利申请量大而专利质量不高的实际问题。作为国内专利申请的绝对主力，企业在这方面的问题较为突出。究其原因，一方面是由于企业申请专利的目的不同，例如申请高新企业、获得政府资助等；另一方面部分企业有较强的专利保护意识，但出于企业规模的限制，无法支撑企业设立知识产权部门、培养专业知识产权人才，而代理机构的水平参差不齐，技术人员与代理人员的沟通也存在诸多的不可控因素，不可避免地影响到专利申请的质量。正如上文所述，专利申请质量是专利价值的基础，如果专利申请质量很差，即使其技术本身存在很强的应用性，专利的转化和运用也无法真正实现。

我国政府从资金投入、税收激励、金融扶持、平台建设等方面为企业的专利技术转化和运用提供了充分的发展条件。尽管如此，从宏观的扶持到微观的落地仍然有很长的距离，企业的个体性差异要比高校的个体性差异更大。高校以教学为主，学科设置、学院设置、人才培养模式等具有一定的统一性和规范性。但企业本身是创新的产物，自负盈亏，承担市场的风险，因此，企业的运营模式通常无规律可循，前人成功的经验很难复制，这也就使得企业在适用政府的法律法规时存在着一定的局限性。据调查了解的情况，大部分企业没有对应的促进专利技术转化的制度体系，企业管理人员不会把专利技术转化视为重要的企业管理事务，因此，在没有具体可执行的专利技术转化配套制度的情况下，企业的专利技术转化会受到诸多不可控因素的影响，比如员工的主观能动性、管理者的重视程度等。因此，企业的配套制度也会对企业的专利技术转化产生巨大的影响。

3. 国外专利技术转化和运用现状

（1）美国。

1970 年美国大学首个技术许可办公室（OTL）成立。随后，美国国会颁布了史蒂文森－怀德勒技术创新法和《拜杜法案》等法律法规，解释了发明专利的产权归属问题，激发了技术创新的热情和动力，进一步推动了大学和企业间的合作交流，促进了美国技术转化和运用工作的快速发展，OTL 模式被越来越多的美国大学所接受，逐渐成为美国大学技术转移的标准模式①。

相对于中国的专利技术转化率而言，美国的专利技术转化率高得多。美国的专利技术研发与转化所需资金主要来源于企业或者高校自筹和银行贷款。历史上，美国最先以宪法的形式保护技术创新。两百多年前，美国的宪法就规定：国会有权保障发明家对其发明物在限定时间内享有专有权利，以激励科学和实用技术的创新。②

美国企业非常重视对专利技术研发与转化的投入，并且越是高新技术产业，投入越大，这源于美国的法律和相关制度的完备性。20 世纪 50 年代以后，美国也遇到了和中国现在类似的情况，随着其综合国力和市场竞争力的不断提高，政府对技术研发与创新的资金投入越来越大，这也就使得每年有大量的专利申请产生，当时也遇到专利转化率低的问题。为了解决这一问题，美国通过了一系列法律法规等③。

美国政府在专利技术转化和运用方面的主要职责是建立公平、公正、透明的政策体系，监督和指导政策的实施和运用，鼓励高校、科研机构与产业部门的合作，共建新技术产业集团。此外，政府还引导和推动建立专利技术转化服务机构，协助高校、科研机构或者企业完成专利技术转化和运用的工作。

（2）德国。

作为欧洲的代表，德国的专利制度源远流长。德国第一部专利法是1877 年德意志帝国时期颁布的。德国的科技成果转化制度非常成熟，德国

---

① 罗涛. 斯坦福大学技术转移的成功经验 [J]. 经济管理文摘，2002（6）：28.
② 李孔岳. 科技成果转化的模式比较及其启示 [J]. 科技管理研究，2006（1）：37.
③ 孟凡昌. 我国科技成果转化问题与法律对策 [D/OL]. 沈阳：东北大学，2012 [2019 - 05 - 26]. https：//t. cnki. net/kcms/detail？ v = 3uoqIhG8C475KOm_zrgu4lQARvep2SAkWGEmc0Qetx DHbrYw3dr9umyf4AIO0vOl6ir9HgJ60P3arSiX1eY1Jmc7YwVpXH8O&uniplatform = NZKPT&uid = WEE-vREcwSlJHSldSdmVqM1BLVW9SQWYxYjVkcjZFNU1EaDhsVjZFRTdYQT0 = ＄9A4hF_YAuvQ5obgVAq NKPCYcEjKensW4IQMovwHtwkF4VYPoHbKxJw！！.

专利法要求发明创造在向公众公开之前必须先申请专利，如果技术细节公开将不能再申请专利，德国很早就推行了国际公开准则，用于认定现有技术的界限和范围。德国通过建立科研创新体系来推动专利技术成果转化和运用。

德国的大企业一般设有专门的知识产权部门。如德国奔驰公司设有独立的知识产权部，仅在总部就配有数百名专业工作人员。一项成果在申请专利之前，公司内部首先会进行专利价值评估。根据价值大小，选择是否公开、是自用还是许可别人使用等，从而决定究竟是申请专利还是作为商业秘密加以保护。如果某项技术在全球范围内都有巨大的市场价值和应用前景，企业会在全球布局专利。

德国和中国的中小企业存在同样的问题，出于对财政等因素的考虑，中小企业一般无法承受设立独立的知识产权部门的成本，因为这并不契合企业发展的实际情况。在德国存在大量的专利服务机构，负责企业研究成果的专利保护工作以及相关的专利技术转化工作。

为促进专利技术的转化和运用，德国政府鼓励发明人创建公司，并建立了促进专利技术成果转化和运用的一系列制度。如德国 CAESAR 研究中心通过"新技术孵化器"制度，鼓励引导发明人设立公司转化专利技术。该中心为发明人提供公司法律事务咨询和援助服务，负责组织专利价值评估、专利出资、专利入股、风险投资等①。

（3）日本。

日本政府非常重视专利技术转化，也是最早为企业专利技术转化立法的国家之一。20 世纪 50 年代以后，日本迅速崛起成为世界经济强国，原因就在于其科技竞争力的大幅提升，日本作为技术创新的成功典范，有着自己鲜明的特色。1999 年，日本政府制定了产业活力再生特别措施法。该法将早期制定的有关行政措施、政策上升到法律制度的层面，为促进专利技术转化提供了法律制度基础。

此外，日本还制定和颁布了产业教育振兴法和中小企业基本法等，主

---

① 冯涛，杨惠玲. 德国企业知识产权管理的现状与启示 [J]. 世界知识产权，2007，17（5）：91.

要就高校与企业技术合作的法律地位及形式、资金投入、税收激励、过程管理、鼓励中小企业的技术创新等方面制定了相应的法律规范，帮助日本的企事业单位促进专利技术转化。

日本政府参与专利技术转化的具体模式主要有两种：一种是政府和企业合作的模式，其基本方式是通过日本各省所设置的促进科技成果转化的专门机构，广泛收集企事业单位产生的专利技术成果，从中筛选适应国家发展战略需要的具有应用价值的科技成果，由政府或者部分机构出资委托企业进行转化和运用。另一种是政府、高校、研究机构、企业多方合作，对于一些重大科技项目，由政府出面统筹，高校、研究机构和企业共同参加，组成技术联合开发小组，并直接由企业将技术成果投入生产。在这种合作模式中，日本政府指导和帮助企业获得专利技术成果，并通过贴息贷款、税收优惠等政策给予企业技术转化和技术创新以资金支持，调动企业从事技术创新、专利技术转化的积极性，促进专利技术成果的产业化①。

三、专利技术转化和运用的新特点

1. 专利技术转化和运用从技术层面上升到战略层面

在专利制度发展的初期，专利权人或者社会公众并未充分意识到专利技术转化和运用的问题，但随着专利制度的蓬勃发展，专利技术转化和运用的机制越来越复杂，从纯技术层面上讲，专利技术应当得到转化和运用，这是专利制度的核心理念之一；但从现代专利战略层面上讲，专利已经成为创新主体之间竞争的重要武器，专利技术转化和运用也已经从技术层面上升到战略层面。哪些专利技术应当予以转化，哪些应当仅停留在专利文献中，需要转化的专利技术该如何转化，其中是否应当适当保留商业秘密等，均属于创新主体战略决策的范畴。

2. 专利技术转化和运用的模式和手段更加丰富

适应市场需求是实现专利技术转化和运用的基础，上文介绍了三个国家的专利转化和运用的模式。美国政府特别重视法制化，通过法律法规等

---

① 梁睿. 发达国家专利技术转化模式及其借鉴 [J]. 哈尔滨学院学报，2014，35（12）：19.

政策体系的制定和完善，鼓励高校、科研机构与产业部门合作，共建新技术产业集团，引导和推动建立专利技术转化服务机构。德国则通过建立科研创新体系来推动专利技术成果转化和运用，从德国大型企业知识产权部门的实践结果来看，其专利技术成果转化效率较高。日本政府则表现为深度参与到专利技术转化和运用的体系中，充分发挥政府的公信力和引导作用。从这三个国家的专利技术转化和运用的模式中可以看出，技术许可办公室、新技术孵化器、政府和企业合作、政府、高校、企业合作等模式都在实践中逐渐发展并成熟起来，形式多样，根据各国的实际情况，予以应用和实践。

第二节　专利技术转化和运用的基本要素

一、专利技术转化和运用的主体

专利技术转化和运用的主体是专利技术转化和运用的组织者和实施者，可以是自然人、法人等，包括专利的所有者、使用者、购买者等。在专利技术转化和运用的过程中，为组织者和实施者提供专利价值评估、专利保险、专利担保、专利质押融资等的第三方也属于专利技术转化和运用的主体构成，与组织者和实施者共同推动和实现专利技术转化和运用。

随着人们对专利制度认知的不断深化和创新，专利技术转化和运用的主体类型也在不断变化。在专利制度的早期，很多专利权人获得专利权的目的主要在于禁止他人实施和模仿。这个时期，专利技术转化和运用的主体主要是专利权人自身，以个人和企业为主。随后，大学、科研院所以及专门从事专利技术研发的公司（如非实施实体，NPE）的出现，使得专利成为资产的一部分，通过专利转让、专利许可、专利入股投资等方式获利，专利技术转化和运用的主体进一步得到了扩展。

近年来，专利基金、知识产权管理、专利质押融资、专利保险、知识产权证券化等业务的服务公司直接或者间接参与专利技术转化和运用，使得专利技术转化和运用的主体范围得到了一定程度的延伸。

实质上，可以认为对于专利技术转化和运用具有决定性作用的持有者、决策者，参与专利价值确定相关工作的参与者，以及协助专利技术落地的实施者都是专利技术转化和运用的主体，共同实现专利技术的转化和运用。

二、专利技术转化和运用的客体

专利技术转化和运用的客体一般可以认为是专利或者专利技术，其实质上是指得到专利保护的技术方案。客观上来讲，具体的技术方案才能够予以转化和运用，从而创造价值。因此，可以认为高质量的专利技术方案是专利技术转化和运用的基础。通常情况下，经过国家知识产权局专利审查员的实质审查后授权的技术方案可以认为是高质量的专利技术方案，特别是后续经过无效程序仍然维持有效的技术方案。

而除了专利本身的质量以外，专利的数量也是重要的影响因素，专利数量的增加会导致专利技术转化和运用形式的变化。随着市场上专利数量的大幅增加，在部分领域甚至出现了专利聚集化的现象，使得权利过于碎片化，任何一个创新主体都无法拥有该领域全部的专利，专利彼此之间形成权利交叉，相互制约，增加了专利技术转化和运用的成本。在这种情况下，专利联盟、专利池等形式应运而生，专利技术转化和运用的客体逐渐由单个专利转变为多件专利的组合、专利池等形式。

不论是专利技术方案，还是专利权本身，专利技术转化和运用的客体都具有无形性、地域性和时效性的特点。无形性也就带来了不确定性，专利权作为一种无形资产，其价值的认定本身是存在难度的。同时，专利制度的地域性和时效性也会影响专利技术转化和运用的范围和周期。

三、专利技术转化和运用的环境

除了必须具备专利技术转化和运用的主体和客体要素以外，专利技术转化和运用还受到法律法规、政策体系和市场环境等外部因素的影响。法律法规、政策体系体现了政府对于专利技术转化和运用的态度和支持力度，市场环境影响专利技术转化和运用的开展。

全球主要国家的专利制度以及相关配套的支撑科技成果转化的法律法规和政策体系都比较完善，如美国有《拜杜法案》，日本有产业活力再生特别措施法，中国有《中华人民共和国促进科技成果转化法》等。在法律法规、政策体系层面的大力推动下，全球专利技术转化和运用的市场环境正在不断完善。由于各国经济发展水平不同，市场环境就成了影响专利技术转化和运用的核心关键。目前，发达国家，如美国、日本等的市场环境较为成熟，这很大程度上助推了其科技成果转化的顺利开展。当前，我国正在完善社会主义市场经济秩序，随着社会公众知识产权文化素养的提升，专利技术转化和运用所需的市场环境也将逐步完善。

第三节　专利技术转化和运用的定义与作用

一、专利技术转化和运用的定义

专利技术转化和运用的定义目前业界还没有明确统一的认知。客观上，专利技术转化和运用应当伴随着技术的创新，它不是一个独立分割的部分，应当作为一个重要的组成部分存在于专利的生命周期中。因此，从专利制度的理论层面上理解，专利技术转化和运用的过程实质上是技术扩散的过程，专利技术转化和运用是对已有的专利技术成果的实验、开发、产业化、市场化推广等，专利技术转化和运用是将专利成果由知识性商品转化为具有市场潜力的商品或者技术的全过程，是一种带有科技性质的经济行为。

同时，专利技术转化和运用涵盖的范围很广，不仅涉及专利技术转化和运用的组织者和实施者，还涉及在专利技术转化和运用中，为组织者和实施者提供专利价值评估、专利保险、专利担保、专利质押融资等的中间第三方，第三方与组织者和实施者共同推动和实现专利技术转化和运用。

随着专利制度的发展，专利技术转化和运用的客体逐渐由单个专利转变为多件专利的组合、专利池等形式。因此，从实践的层面上理解，专利技术转化和运用可以认为是专利的组织者、实施者以及中间服务商将单一专利技术方案、专利组合或者专利池进行产业化、市场化的整体过程。

二、专利技术转化和运用的作用

首先，专利技术转化和运用是对专利制度的落实，是专利技术价值的体现，能够将专利技术落地实施，是专利制度设置的本源，是专利权人因发明而获益的最主要的方式。因此，专利技术转化和运用的最核心、最本质的作用是将专利技术转化为实际的生产商品或者相关技术产品，将专利技术予以推广。

其次，专利技术转化和运用能够更进一步地促进专利技术的创新。客观上，在中国，一项技术能够成为专利技术，其应当具有2020年修订的《中华人民共和国专利法》（以下简称《专利法》）规定的新颖性、创造性、实用性，也就是说，相对于现有技术其应当具有创新性。但如果专利技术只停留在纸面上，那么，创新的高度也就固定了，失去进一步的提升空间。将专利技术转化和运用后，专利技术在产业化过程中，会进一步得到验证，其有待改进之处会进一步得到发现，从而促进专利技术的二次创新。

最后，专利技术转化和运用能够促进产业升级。客观上，全球产业格局已经初步形成，生产端、销售端、服务端的分布较为明确。如何打破已有模式，寻求国家或者地区产业格局的升级，追求更高的国际地位，是各个国家和区域性组织普遍遇到的问题。专利制度作为保护创新的重要制度，一方面可以保护创新，另一方面可以激励创新。因此，将专利技术进行转化和运用对于产业的进一步升级具有至关重要的作用。不论是第一次工业革命时期英国的工业腾飞，还是美国在建国之初确立知识产权制度而逐渐取得独霸全球的技术领先，都毫无疑问地证明了专利技术转化和运用是产业升级的有力保障。

第二章

国内高校及科研院所专利转化和运用典型案例分析

　　我国的高等院校以及科研院所的科技创新能力对中国乃至全世界都产生了巨大的影响，每年我国高校都会产出大量的科研成果，在很多领域，我国高等院校以及科研院所的科研实力是全球领先的。

　　但现实情况中，我国仍然面临科技成果转化率低，特别是专利技术转化率低的困境，与发达国家相比，还有一定的差距。面对这一问题，一方面应当学习先进国家和地区，了解目前专利技术转化成功的案例和相应的模式，取长补短；另一方面，也要深入思考自身的政策制度和工作机制是否存在不足之处。

　　本章将从高价值专利转化落地、专利技术转化中的风险与障碍以及国内高校及科研院所科技成果转化中的专利布局三个方面，深入分析我国高校、科研院所专利技术转化的典型案例，结合我国现实情况分析专利技术转化中存在的风险与障碍，并探讨如何有效地进行专利布局。

第一节　高价值专利转化落地

一、典型案例与分析

1. 绿色化学发泡剂替代技术

　　长期以来，我国聚氨酯产业困于技术难以突破，并承受着国外化工巨头产品的高价，发展十分被动。2011 年，山东理工大学的毕玉遂团队耗时十几年研究发明出无氯氟聚氨酯化学发泡剂。

　　颠覆性的科研成果对国内相关企业的发展将极为有利，但一经发布肯定会引来国外化工巨头的窥探和效仿。申请专利可以获得法律保护，但在申请专利的时候，需要公开具体的制备方法、基本原理等详细的技术路线和过程，如果在此过程中泄露了研究成果，整个团队多年的努力将功亏一篑。

　　毕玉遂团队为了能够充分保密，申请了 4 项国防专利。但国防专利一旦授权就成为国家保密技术，未经国家许可，企业及个人将无法实施，这意味着这项技术可能与市场隔绝。另外申请的两件专利为外围专利，数量少、质量低、保护范围小。总的来说，这一专利布局没有覆盖到上下游产品技术，没有形成完整的专利保护范围。

国家知识产权局及时为他们提供了帮助，派出微观专利导航项目工作组入驻山东理工大学，组织开展专利微导航工作，通过专利挖掘、专利布局分析等为技术创新把握方向，寻找突破口，最终经过国家知识产权局专家的指导，毕玉遂教授团队的专利申请获得了授权。

2017年，补天新材料技术有限公司以总计超过5亿元人民币的价格获得了新型聚氨酯化学发泡剂20年的专利独占许可使用权，创造了中国专利独占许可使用费额度的最高纪录。该公司总经理说，之所以花费如此高价买断专利，除了看好这项科技成果的前景外，还因为对中国知识产权保护充满信心。

这种发泡剂可广泛应用于聚氨酯软质、硬质泡沫的发泡等。该发泡剂的应用将对淘汰氯氟烃等破坏臭氧层的发泡剂、保护臭氧层、降低碳排放做出重大贡献。作为氯氟烃类物理发泡剂的替代产品，该发泡剂在全球的推广应用，将减少数十亿吨二氧化碳排放，对我国提前完成对国际社会承诺的温室气体减排任务，具有巨大的社会效益和环境效益。

这个天价专利转让案例，被认为是中国知识产权保护成功助力科技成果走向市场的典范。目前，学校与补天新材料技术有限公司正全力以赴推进该成果的产业化进程[①]。

经过在中国专利文摘数据库（CNABS）的检索，山东理工大学为申请人、毕玉遂教授为发明人的于2016年6月提交的中国发明专利申请，得到两个结果，申请号分别为201610392162.3、201610393108.0，两件发明专利申请均存在PCT同族申请，可见申请人山东理工大学已经做好了在全球布局专利的准备。同时，申请号为201610393108.0的专利还存在一件分案

---

① 中央广播电视总台国际在线. 五亿专利转让费背后的知识产权保护［EB/OL］.（2018 - 10 - 15）［2019 - 05 - 26］. http：//news. cri. cn/20181015/bc5278df - a17b - c8da - 8f8d - 9210b0ae 2428. html.

申请（201710872094.5）。经确认，两件国内发明专利的法律状态均处于授权有效维持的状态。

进一步分析两件国内发明专利的权利要求书。

专利201610392162.3授权权利要求部分如图2-1所示。[①]

1. 一种发泡剂，它包括具有以下通式（I）的碳酸有机胺盐化合物或包括具有以下通式（I）的有机胺盐化合物的混合物：

$A^{n-}[B^{m+}]_p$ （I）

式中，A^{n-} 是碳酸根 CO_3^{2-}，即 $n=2$；

B^{m+} 包含：+1价的铵离子，和/或，具有 m 个的 $-^+NR^3R^4H$ 基团和/或 $-^+NR^3H$-基团的一种或多种有机胺（B）的阳离子；

其中 $m=1$-5，$0 < p \leq \dfrac{n}{m}$；

其中，R^3 或 R^4 独立地选自：H，R，任选被羟基或氨基或卤素取代的 C_1-C_7 脂肪族烃基，任选被羟基或氨基或卤素取代的 C_3-C_7 环脂族烃基，或，任选被羟基或氨基或卤素取代的 C_6-C_{10} 芳族烃基；

前提条件是：所述通式（I）的化合物具有至少一个与N键接的R基团；

其中该R基团选自于下列基团中的一种或多种：

(1a) H[OCH (R_{1a}) CH (R_{2a})]_q-；

(2a) H[OCH (R_{1a}) CH (R_{2a}) CH (R_{3a})]_q-；或

(3a) H[OCH (R_{1a}) CH (R_{2a}) CH (R_{3a}) CH (R_{4a})]_q-；

其中 q 的值或平均值为 $q=1$-3；R_{1a}、R_{2a}、R_{3a} 或 R_{4a} 各自独立地选自：H，任选被羟基或氨基或卤素取代的 C_1-C_7 脂肪族烃基，任选被羟基或氨基或卤素取代的 C_3-C_7 环脂族烃基，或，任选被羟基或氨基或卤素取代的 C_6-C_{10} 芳族烃基；

其中，所述有机胺化合物（B）是具有2-50个碳原子的有机胺化合物。

……

19. 制备发泡剂的方法，该方法包括第一原料与第二原料在水中，任选地在催化剂存在下，进行反应，其中第一原料是选自于下列这些化合物中的一种或多种：

氨基甲酸铵，$(NH_4)_2CO_3$，或碳酸有机胺类化合物（M）盐；

第二原料是选自于下列这些环氧化物中的一种或多种：

$CH(R_{1a})CH(R_{2a})$，$[OCH(R_{1a})CH(R_{2a})CH(R_{3a})]$，$[OCH(R_{1a})CH(R_{2a})CH(R_{3a})CH(R_{4a})]$

或苯乙烯氧化物，其中 R_{1a}、R_{2a}、R_{3a} 或 R_{4a} 各自独立地选自：H，任选被羟基或氨基或卤素取代的 C_1-C_7 脂肪族烃基，任选被羟基或氨基或卤素取代的 C_3-C_7 环脂族烃基，或，任选被羟基或氨基或卤素取代的 C_6-C_{10} 芳族烃基；

其中所述的有机胺类化合物（M）是选自下列这些中的有机胺类化合物：

C_1-C_{24} 烃基胺类；

二 (C_1-C_{16} 烃基) 胺类；

C_2-C_{14} 亚烃基二胺类；

C_4-C_{18} 多亚烃基多胺类；

具有三个伯胺基的 C_3-C_{18} 有机三胺类或具有四个伯胺基的 C_5-C_{18} 有机四胺类；或

C_2-C_{10} 醇胺类。

……

38. 聚氨酯泡沫材料，其通过权利要求27-36中任何一项所述的聚氨酯发泡组合物与多异氰酸酯单体或异氰酸酯封端的预聚物进行混合后发生反应而形成。

……

图2-1 专利201610392162.3的部分权利要求

---

① 山东理工大学. 碳酸有机胺盐类化合物及其作为发泡剂的用途：201610392162.3［P］. 2017-11-14.

　　该专利结合发泡剂的结构限定的产品权利要求、相应的制备方法权利要求、方法限定的产品权利要求以及组合物权利要求等多组技术方案，非常详尽周密地将发明的核心技术方案予以保护。

　　专利 201610393108.0 授权权利要求部分如图 2－2 所示。①

1. 一种发泡剂，它包括其具有以下通式 (Ⅰ) 的有机胺盐化合物的混合物：

$$A^{n-}[B^{m+}]_p \quad (Ⅰ)$$

式中，A^{n-} 是作为 CO_2 给体的具有 -n 价的阴离子，其中 n＝1 或 2；

B^{m+} 包含：+1 价的铵离子，和/或，具有 m 个的 $-'NR^3R^4H$ 基团和/或 $-'NR^3H-$ 基团的一种或多种有机胺 (B) 的阳离子；

其中 m＝1-5；$0 < p \leq \dfrac{n}{m}$；和

其中 An- 是选自下列阴离子中的多种：

(b) 碳酸根：CO_3^{2-}；

(c) 甲酸根：$HCOO^-$；

(d) 碳酸氢根：$HO-COO^-$；

其中，R^3 或 R^4 独立地选自：H, R, 任选被羟基或氨基或卤素取代的 C_1-C_7 脂肪族烃基，任选被羟基或氨基或卤素取代的 C_3-C_7 环脂族烃基，或，任选被羟基或氨基或卤素取代的 C_6-C_{10} 芳族烃基；

前提条件是：所述通式 (Ⅰ) 的化合物具有至少一个与 N 键接的 R 基团；

其中该 R 基团选自于下列基团中的一种或多种：

(1a) $H[OCH(R_{1a})CH(R_{2a})]_q-$；

(2a) $H[OCH(R_{1a})CH(R_{2a})CH(R_{3a})]_q-$；或

(3a) $H[OCH(R_{1a})CH(R_{2a})CH(R_{3a})CH(R_{4a})]_q-$；

其中 q 的值或平均值为 q＝1-3；R_{1a}、R_{2a}、R_{3a} 或 R_{4a} 各自独立地选自：H, 任选被羟基或氨基或卤素取代的 C_1-C_7 脂肪族烃基，任选被羟基或氨基或卤素取代的 C_3-C_7 环脂族烃基，或，任选被羟基或氨基或卤素取代的 C_6-C_{10} 芳族烃基；

其中：在发泡剂中水的含量为 >0wt% 至 40wt%，和，所述有机胺化合物 (B) 是具有 2-50 个碳原子的有机胺化合物。

……

18. 制备发泡剂的方法，该方法包括第一原料与第二原料在水中，任选地在催化剂存在下，进行反应，其中第一原料是选自于下列这些化合物中的多种：

$H_2N-COONH_4$，

$(NH_4)_2CO_3$，或碳酸有机胺类化合物 (M) 盐，

$HCOONH_4$，或甲酸有机胺类化合物 (M) 盐，

$HO-COONH_4$，或有机胺类化合物 (M) 的碳酸氢盐；

第二原料是选自于下列这些环氧化合物中的一种或多种：

$$\begin{array}{ccc} CH(R_{1a})CH(R_{2a}) & [OCH(R_{1a})CH(R_{2a})CH(R_{3a})] & [OCH(R_{1a})CH(R_{2a})CH(R_{3a})CH(R_{4a})] \end{array}$$

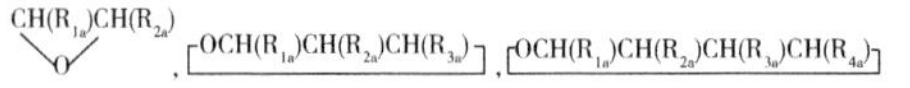

或苯乙烯氧化物；其中 R_{1a}、R_{2a}、R_{3a} 或 R_{4a} 各自独立地选自：H, 任选被羟基或氨基或卤素取代的 C_1-C_7 脂肪族烃基，任选被羟基或氨基或卤素取代的 C_3-C_7 环脂族烃基，或，任选被羟基或氨基或卤素取代的 C_6-C_{10} 芳族烃基；

其中所述的有机胺类化合物 (M) 是选自下列这些中的有机胺类化合物：

C_1-C_{24} 烃基胺类；

二 (C_2-C_{16} 烃基) 胺类；

C_2-C_{14} 亚烃基二胺类；

C_4-C_{16} 多亚烷基多胺类；

具有三个伯胺基的 C_3-C_{18} 有机三胺类或具有四个伯胺基的 C_5-C_{18} 有机四胺类；或

C_2-C_{10} 醇胺类。

……

37. 聚氨酯泡沫材料，其通过权利要求 26-35 中任何一项所述的聚氨酯发泡组合物与多异氰酸酯单体或异氰酸酯封端的预聚物进行混合后发生反应而形成。

……

图 2－2　专利 201610393108.0 的部分权利要求

① 山东理工大学. 具有作为 CO_2 给体的阴离子的有机胺盐类化合物及其作为发泡剂的用途：201610393108.0 [P]. 2017－11－21.

该专利同样结合发泡剂的结构限定的产品权利要求、相应的制备方法权利要求、方法限定的产品权利要求以及组合物权利要求等多组技术方案，非常详尽周密地将发明的核心技术方案予以保护。

该专利技术转化的成功之处有以下几点：

首先，在相关单位的支持下，毕玉遂团队对专利技术的研发和保护制订了周密的计划，特别是在专利申请的撰写方面达到了很高的水准，切实地实现了科技成果的有效保护。

其次，山东理工大学注重技术的熟化，对毕玉遂教授的研究发明高度重视。2016年2月初，学校撰写了"推动无氯氟聚氨酯发泡材料产业化"的建议报告直接呈报给国务院领导，国务院领导在建议报告上做了批示。之后，中华人民共和国科学技术部等部委与中国石油和化学联合会等行业组织组建联合专家组，中华人民共和国国家发展和改革委员会、中国石油和化学联合会、国家知识产权局等先后调研了项目研究进展情况①。

最后，与企业的合作模式有所突破。考虑到技术成果的重大影响，权利人和被许可人双方采取了共同推进产业化的合作模式。一方面，可以围绕该专利技术全面提升企业的研发能力和技术水平，使得企业能够长期受益；另一方面，企业技术实力的全面提高，也有利于该专利技术的二次开发和广泛使用，属于双方互惠互利的创新模式。

2. 高校转化政策激励

2016年，中南大学周宏灏教授的一项"个体化医学基因检测技术"成果成功实施了转让，一次转让7件发明专利和40项应用技术，技术转让费为2.2亿元，其中每件专利转让费为2600万元，共计1.82亿元。

2017年9月，中南大学赵中伟团队的"电化学脱嵌法盐湖提锂"技术，获许可使用费1.048亿元。

2018年3月，中南大学刘楚明团队的"变形镁合金及制备技术"获转让费1.068亿元。

2018年7月，中南大学对赖延清教授团队"高比能锂硫电池技术"成

---

① 山东理工大学. 专利发明签订5亿独占许可协议［EB/OL］. (2017－03－26)［2019－05－26］. https：//www. sdut. edu. cn/2017/0326/c742a73093/pagem. htm.

果和杜柯副教授团队"锂离子电池三元材料及新型正极材料产业化技术"通过协议定价方式获得转让,两项成果转让费分别高达 1.4 亿元和 1.5 亿元。

中南大学科技成果转让(或许可)获得货币净收入的70%奖励给科技成果完成人所在课题组和为成果转化做出重要贡献的其他人员;以科技成果技术入股(作价投资)实施转化的,获得股份的70%奖励给科技成果完成人所在课题组和为成果转化做出重要贡献的其他人员[①]。

中南大学有多项破亿元的专利技术转化成功案例,一方面说明了中南大学具有较强的科研实力,另一方面也反映了中南大学专利技术转化方面的优势和特点。中南大学从经济利益上给予发明创造者奖励,这充分地激励了课题组的研究人员以及相关专利技术转化服务机构,同时将专利技术成熟化、产业化,并积极对接企业,促进专利技术的转化和运用。

3. 造纸循环系统

河南大学造纸污染控制及资源化研究所针对国内许多大型制浆造纸厂采用传统碱回收工艺处理造纸黑液、回收烧碱并产生大量二次污染的现象,经过近20年的潜心研究,合理解决了这一世界性难题,并取得三项国家发明专利和国际专利申请。该专利技术的主要特点是在传统碱回收处理造纸黑液工艺条件基础上,增加一套新的工艺环节并添加绿液处理剂,与原工艺组成一个新的更科学的生产循环体系。该技术利用造纸黑液做原料,生产出两种产品——"烧碱"和"沉淀碳酸钙",不再有废物排放。而这两种产品又都是造纸所需要的重要原料,这样就形成了一个良性循环,既解决了污染问题,又解决了原料问题,还产生了经济效益,符合可持续发展理念。一个一百吨规模的碱回收生产线采用新技术,一年可新增效益达1500多万元。

1998年,该技术在湖南某国营纸厂首次实施,解决了该厂传统碱回收处理造纸黑液工艺带来的白泥二次污染问题。合同约定厂方支付专利使用费;技术方提供技术方案和图纸以及核心技术机密(绿液处理剂),为厂

① 搜狐网. 总计超7亿元! 这所双一流高校近三年5项成果卖出天价 [EB/OL]. (2018 - 07 - 17) [2019 - 05 - 26]. http://www.sohu.com/a/241751626_232611.

方培训技术骨干，并指导设备选购、安装调试、大生产试车，直至生产出合格产品；同时，技术方可以将该厂作为样板工程来建设，向全国推广。双方开始合作，厂方如约支付了专利使用费，技术方也按时提供了技术方案及核心技术。厂方得到了核心技术后，便自己选购设备、安装调试和试生产，不允许技术方介入。厂方还未经技术方同意，独自以自己的名义将技术方提供的专利技术，申请获得了湖南省重大科技攻关项目，并进行了成果鉴定，申请获得了该省的科技进步奖，把该项技术实施取得的成果窃为己有，完全不顾及专利技术的来源及知识产权权属问题，结果造成技术方建设样板工程的约定无法实现。

2004 年，该技术在武汉某纸厂实施，由武汉一家私企投资，技术方以技术入股形式参与三方合作。合同约定，实施新技术后，生产出的碱、节省的石灰原料和采用新技术前需要向环保部门缴纳的排污费用归纸厂所有。新生产出的碳酸钙产品由该纸厂全部使用，除去成本利润三方分配：投资方占 50%、纸厂占 30%、技术方占 20%。经过半年多的设备选购、厂房建设、设备安装调试、工人培训等阶段，2005 年年初开始试车运行并取得成功，产品质量完全符合合同约定标准，生产出的碳酸钙产品直接通过专用管道输送到造纸车间试用，填充量由 10% 逐渐增加到 80%，生产出纸的质量完全达标，用纸客户也没有不良反应。但因为当时是冬季，天气较凉，使用蒸汽量较大，纸厂提出要节能降耗。技术方根据纸厂要求进行了工艺改进，在不影响产品质量的情况下用汽量减少至原来的 1/16，大大降低了成本，产品质量也符合约定标准，至此合作三方签署了综合验收成功报告。按照合同约定，此后再开车生产，利润要按比例三方分配。但纸厂此时又提出，碳酸钙产品在造纸生产环节中还存在匹配问题，要求技术方修改碳酸钙相关的 8 项指标，也就是要修改合同约定的标准，动摇合同的基础。为此三方进行了长时间的拉锯式协商，未达成一致意见。投资方和技术方均认为纸厂不守信用，违反了合同的约定，最后投资方把该纸厂告上了法庭。因为没有继续开车生产，无法让其他纸厂来学习考察，技术方建设样板工程的设想又一次成为泡影。

2007 年，该技术在河南省武陟县的华丰纸业实施，建设样板工程，就华丰纸业碱回收生产线进行技术改造，解决该厂的白泥污染问题。项目分三步走，第一步先把白泥里的碱提取干净，第二步把白泥转变成沉淀碳酸钙，第三步把沉淀碳酸钙直接用于造纸。这次项目实施是在河南省内，得到了河南省政府主管部门的支持，特别是县环保部门非常重视，相关负责人多次亲临现场指导工作，企业积极配合。从设备选购、安装调试到试车生产，只用了四个月时间就圆满完成。经成本核算，除去节省的原料、排污费和多生产的烧碱，仅白泥转变成沉淀碳酸钙产品这一项每年就能产生纯利润 1000 多万元，完全实现合同约定的目标。经过半年多的连续运行，效果良好，双方于 2008 年 5 月签署了综合验收成功报告，并开始投入批量生产。华丰纸厂由于与高校合作，得到新技术的支持，解决了实际污染问题，创造了效益，被认定为河南省的"高新技术企业"。为此，技术方建设样板工程的设想最终得以实现。目前，许多纸厂纷纷要求到现场考察并要求与技术方合作①。

在化学工程领域，中国在世界上是走在前列的，中国过去作为一个以重工业为主的国家，在化工领域打下了较为坚实的基础，这也一定程度地促进了化工行业的发展，特别是技术创新的发展，如河南大学在解决白泥污染问题的技术创新就是一个典型的例子。

河南大学在解决这一问题中的技术创新是绝对领先的，也具有非常强的产业化的价值，但就其过程来看并不顺利，先后经历了三次转化才最终落地，这其中存在的问题主要有两点：一是专利技术转化过程中技术的交接问题，二是专利技术转化过程中的利益分配问题。

通常情况下，专利申请人不会将一件专利涉及的全部技术均披露在专利申请文件的说明书中，主要是出于保护自己核心技术的考虑，这是合理利用专利制度的策略，但在专利技术转化的过程中，为了保证产品的质量，相应的专利技术的实际落地应当是以最佳的实施方案予以实现，正如本案所述技术的第一次转化一样，厂方如约支付了专利使用费，技术方也按时提供了核心技术，但结果是厂方获得了核心技术后，后续工作的推进受阻，协议的落实得不到保证，这其中就涉及核心技术究竟该如何保密的问题。事实上，河南大学完全可以适当保留技术秘密，安排专人管理配合

---

① 牛谦. 同一项技术三次转化的结果与思考 [J]. 科技管理研究，2010（03）：220.

相应的生产程序，在保证项目可以实施并验收的情况下保留主动权。

此外，专利技术转化过程中的利益分配问题一直是一个难点，专利技术在转化以前，很多技术细节还是未知数，毕竟小试、中试和放大体系间差异性很大，这也就意味着将专利技术实际落地的投资方和企业将会承担着很大的风险，但由于专利技术是专利权人创造的，所以专利权人对于实际获利的期望值很高，三方的利益协调很难均衡，这也导致河南大学专利技术第二次转化的失败。但毕竟河南大学的专利技术的创新性很强，具有产业化的明显优势，在河南省政府的大力推动下，这一高价值的专利技术最终成功转化和运用。

4. 益母草

益母草（结构式见图 2 - 3）具有改善血液循环、活血祛瘀的功效，是传统的妇科用药。但长期以来，由于提取益母草中的有效复合物成本高、工作量大，其单体有效成分的科学价值一直没有被完整地发掘出来。从益母草具有改善血液循环这一独特功效得到启发，复旦大学朱依谆教授率领研究团队运用先进技术，探索出全新的合成路线和放大工艺，经过 5 年多不懈努力，2007 年，终于从益母草中成功提取到有效的单体化合物——益母草碱，并证实其对降脂和治疗脑中风具有明显疗效。

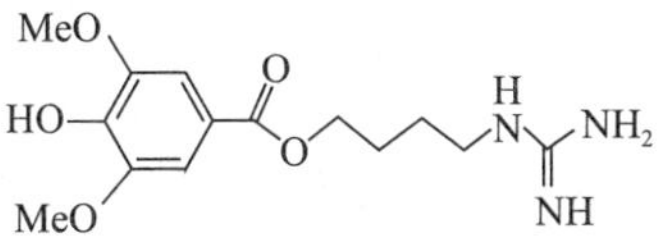

图 2 - 3　益母草

朱依谆科研团队进一步研究发现，人体在如缺血、缺氧等疾病状态下，构成完整细胞基本元素之一的线粒体就会肿胀，造成细胞破裂，从而使脑组织和心肌坏死，最后导致人体死亡。研究还发现，人体内的三磷酸腺苷是提供细胞正常生命活动的能量，也是体内组织细胞活动所需能量的直接来源，细胞缺氧时，三磷酸腺苷的能量活性也会降低，导致细胞凋亡。而益母草碱（SCM - 198）的作用机制，则是通过降低脑细胞耗氧量，抑制线粒体氧化应激反应造成的细胞死亡，并激发三磷酸腺苷的活性，阻止细胞的进一步坏死、凋亡，以达到减少脑组织坏死的目的。

目前，该研究已完成益母草碱中试工艺优化，纯度达99%以上，为后续研究提供了充分的可持续发展药源，其工艺已获得中国发明专利，确定该化合物的给药途径为口服和静脉给药2种。静脉给药途径也证明该药物有明显的治疗急性脑梗的作用，长期毒性研究也已完成。分三批次样品质量控制研究，初步确定符合《中华人民共和国药典》的规定。

此项目作为国家 I 类新药候选药物已在国家重大新药创制大平台孵育成功，并在国际权威学术期刊《中风》《自由基生物与医学》《动脉粥样硬化》中多次发表论文，进一步揭示益母草碱具有心脑血管保护作用的分子机制，阐述了将其开发成心脑血管保护新药的扎实理论和实验依据；先后获得5项中国发明专利，以及日本、欧盟等国际专利，国际著名公司Sigma - Aldrich 也把益母草碱作为标准品列入目录。

2016 年年底，复旦大学与中珠医疗控股股份有限公司（中珠医疗）完成了技术转让，根据中珠医疗公告，此次转让涵盖了新药益母草碱（SCM - 198）项目研发过程中获得的8项专利、益母草碱制备方法相关技术秘密、临床前研究资料和生产工艺相关资料等。转让合同总金额共1.5亿元人民币，采用里程碑付款方式，其中前期技术转让费为1800万元人民币，后续开发13 200万元人民币使用里程碑付款。复旦大学公开的8项转让专利分别为：ZL 200810134125.8 益母草碱在制备防治缺血性心肌病药物中的用途（专利1），ZL 201010184961.4 益母草碱在制备防治炎症相关疾病药物中的用途（专利2），ZL 200910053579.7 益母草碱类似物及其制备方法（专利3），ZL 201010100153.5 益母草碱衍生物及其制备方法（专利4），ZL 201110063431.9 一种定量检测血浆中益母草碱含量的方法（专利5），ZL 201110008036.0 益母草碱—半胱氨酸缀合物在制备治疗缺血性心肌病药物中的用途（专利6），JP 5680412 Therapeutic Application of Leonurine in Treating Ischemic Cardiomyopathy（专利7），EP08783598.9 The Use of Leonurine for the Treatment of Heart Failure（专利8）。这些专利经评估，并在此基础上由发明人与公司进行议价，确定最终转让价格为1.5亿元人民币。

医药领域一直由国外企业垄断，特别是在新化合物的创造方面，国内高校和制药企业的创新能力还不足，虽然现在的药物高通量筛选技术已经较为成熟，但这样的筛选方法成功率很低，并且在药物化合物活性验证中，需要大量的前期投入排除不具备活性或者活性不佳的化合物。复旦大学朱依谆教授并未采取高通量筛选等较为通用的发现新化合物的方法，而是采取了传统的中药提取方法。中药提取的优势在于中药益母草来源广泛，而提取工艺一般都是常见的溶剂提取法，因此，工艺本身的成本较低，而且中药提取工艺是建立在对于某种中药的药用价值已知的前提下进行的，目的在于发现其中的活性单体，目标性更强。

尽管如此，复旦大学朱依谆教授的专利技术的获取并非易事。中药提取有自身的优势，但也有技术壁垒，中药的组成成分复杂，提取过程虽然简单，但组分的分离异常困难，即使经过分离得到了某种新化合物，如何准确解析其结构也是一个难点，因为现有技术中没有对应的结构予以比对验证。

正因如上所述的种种原因，益母草（SCM－198）新化合物的分离鉴定意义重大，新化合物不仅具有很好的医药活性，而且取得了相关的专利保护，具有自主知识产权，作为国家 I.1 类新药候选化合物，其专利价值也非常巨大。鉴于化合物专利技术侵权成本很高，证据确认较为容易，因此，其专利的转化和运用也是能够得到保护的。

经研究分析复旦大学实际转化的 8 件专利，其中，专利 1 和专利 2 是益母草碱制药用途的核心专利，分别用于治疗心肌病和炎症疾病；专利 3 和专利 4 分别从衍生物以及制备方法的角度对产品进行保护；专利 5 是检测方法的辅助性专利；专利 6 是益母草碱复合物的衍生专利；专利 7 和专利 8 是国外专利，布局了相关国家的医药用途。从 8 件专利的撰写质量和布局构成来看，其撰写质量较高，布局也较为合理，整体上属于高质量专利的组合布局，从而也促成了 1.5 亿元人民币的专利包定价。

此外，本案的特点还在于里程碑付款方式，即双方在转让协议中约定，当科技成果转化达到某一里程碑时，支付一定额度的款项，包括签订合同时支付一笔首付款，当达到预定目标时，累计支付的转让款达到 1.5 亿元人民币。这种付款方式是对转让方的约束，也是对受让方的保护，可降低交易风险，不仅能够降低双方定价的风险，也可避免后续不必要的沟通协调等相关程序。

5. 三聚氰胺氰尿酸盐

在日常生活中，小到手机外壳、开关面板，大到空调、冰箱、汽车部件、飞机机身，高分子材料可谓无处不在。然而，高分子材料的化学组成以碳、氢、氧等元素为主，一旦燃烧，其火焰传播速度极快，难以自熄，且燃烧通常伴随大量浓烟和有毒气体，危害严重。因此，实现高分子材料绿色、安全、高效阻燃，成为科研工作者们一直追寻的目标。

20世纪90年代，市场对高分子材料阻燃需求越来越大，三聚氰胺氰尿酸盐（MCA）随即走入人们视野。这是一种无卤环保型氮系阻燃剂，适用于多种工程塑料及橡胶材料。但这种阻燃剂仍存在合成反应体系黏度大、速度慢、时间长等诸多问题。针对上述弊端，四川大学研发团队从调控MCA超分子结构出发，探索出一种通过分子复合方法制备MCA的全新技术（制备路线见图2-4），同时实现对阻燃剂合成工艺的简化及阻燃效率的提升。

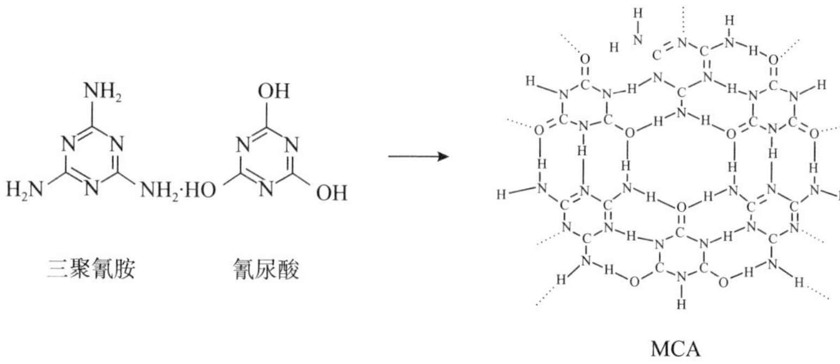

图 2-4　MCA 制备路线

研发高性能MCA阻燃剂的关键之一是抑制熔滴燃烧性，按照UL94标准测试，熔滴不能带火焰。可在研发初期，MCA阻燃高分子材料始终存在明火熔滴问题。2003年，分子复合MCA阻燃剂制备技术研发终于获得成功。在阻燃性能方面，分子复合改性MCA阻燃高分子材料具有无焰熔滴特性，可达到UL94标准最高阻燃级别。

2005年，分子复合改性MCA获得发明专利授权后，团队又围绕分子复合改性MCA的下游应用技术，提交了5件外围专利申请并相继获得授权，将核心专利的保护范围进一步拓展，形成了一个从分子复合改性MCA

阻燃剂合成到阻燃剂组合及应用的完整知识产权保护体系。

四川大学团队与相关企业合作，对分子复合改性 MCA 实施专利产业化应用。企业先建立了年产 1000 吨分子复合改性 MCA 的工业生产线，产品投入市场后效果很好。企业随后对生产线进行扩建，增加到年产 1 万吨的生产规模，产生了显著的经济和社会效益。①

2016 年 12 月，四川大学的"分子复合三聚氰胺氰尿酸盐阻燃剂及其制备方法和用途"发明专利获得第十八届中国专利金奖，产品出口韩国、欧盟等，实现产值 3.1 亿元，下游产品 25 亿元。

四川大学的专利获得了很好的转化和运用，产生了极大的经济价值，究其根本在于解决了行业内一直迫切需要解决的难题。在阻燃剂领域，三聚氰胺氰尿酸盐（MCA）是 20 世纪 80 年代初由日本开发的多功能精细化学品，它的分子结构为三聚氰胺和氰尿酸通过次价键所组成的三嗪环分子复合体，其外观为具有滑腻感的白色结晶微粉，无毒、无味、难溶于水和一般的有机溶剂。MCA 具有阻燃、润滑、消光等特性，可用于塑料阻燃、机械润滑、涂料消光以及化妆品和印染领域。近年来，随着全球阻燃剂市场向着无卤化的方向发展，三聚氰胺氰尿酸盐作为一种氮含量大、阻燃效率高、低毒、低烟的氮系阻燃剂得到了广泛的重视，作为阻燃剂使用的 MCA 产品应具有纯度高、粒径小、色泽浅等特性。目前，MCA 的制备一般以三聚氰胺和氰尿酸为原料，水为分散介质，在碱金属化合物或者有机胺的催化条件下制备。但该反应过程因存在反应时间较长、产品色泽深、水与反应物配比高、反应体系黏度大、反应物需进行洗涤后处理等缺点而有待改进。

四川大学研究团队针对现有技术中存在的问题，提出了相应的解决方案，提供一种分子复合三聚氰胺氰尿酸盐阻燃剂的制备方法。其特点是在三聚氰胺氰尿酸盐合成过程中加入复合剂与三聚氰胺氰尿酸盐中的胺基和羧基相互作用，形成三元复合体，实现反应物在反应介质中有效分散，大幅减小水与反应物的配比，降低反应体系黏度，在不使用催化剂的条件下

① CBG 资讯. 四川大学王琪："让高分子材料绿色安全高效使用". ［EB/OL］. （2017 - 05 - 11）［2019 - 05 - 26］. https：//www. chembeango. com/zixun/1968.

显著提高反应速率，缩短反应时间，合成所得到的膏状物无须洗涤纯化处理，干燥、粉碎后即可作为聚合物中的阻燃剂使用。

经检索分析相关获奖专利，其部分权利要求如图 2 - 5 所示。[①]

1. 分子复合三聚氰胺氰尿酸盐阻燃剂，其特征在于起始原料的配方组分按重量计为：

三聚氰胺	50-100 份
氰尿酸	50-110 份
水	100-2000 份
复合剂	10-300 份
阻燃增效剂	0- 300 份

其中，复合剂为三乙醇胺、双氰胺、淀粉、丙三醇、山梨醇、甘露醇、季戊四醇、二缩季戊四醇和葡萄糖中的至少一种，将上述复合剂和水加入带有搅拌器、温度计的反应釜中，于温度 50-130℃溶解，加入阻燃增效剂、三聚氰胺和氰尿酸于温度 50-150℃搅拌反应 5 分钟-2 小时，获得分子复合三聚氰胺尿酸盐的白色乳液或粘稠膏状物，经过滤、分离、干燥、粉碎，获得 0.01-500μm 粉末状产品。

2. 如权利要求 1 所述分子复合三聚氰胺氰尿酸盐阻燃剂，其特征在于阻燃增效剂为磷酸、焦磷酸、聚磷酸铵、磷酸三苯酯、三聚氰胺磷酸盐、红磷、硫酸铵、磷钨酸、硅钨酸、硼酸锌、十溴联苯醚和三氧化二锑中的至少一种。

3. 如权利要求 1 或 2 所述分子复合三聚氰胺氰尿酸盐的制备方法，其特征在于：

（1）将复合剂 10~300 重量份、水 100-1000 重量份加入带搅拌器、温度计的反应釜中，于温度 50-130℃使之完全溶解，然后依次加入阻燃增效剂 0-300 重量份、三聚氰胺 50-100 重量份和氰尿酸 50-110 重量份，于温度 50-150℃搅拌反应 5 分钟-2 小时，反应过程中可补加水 100-1000 重量份，获得分子复合三聚氰胺氰尿酸盐的白色乳状液或粘稠膏状物；或者将上述份数的复合剂、三聚氰胺、氰尿酸预混合后再加入到 100-1000 重量份的水中，按上述设备和反应条件制得同样的产物，

（2）将上述白色乳状液或粘稠膏状物经过滤或离心分离、干燥、粉碎后获得 0.01-500μm 的粉末状产品。

4. 如权利要求- 1 所述分子复合三聚氰胺氰尿酸盐的用途，其特征在于该分子复合三聚氰胺氰尿酸盐可作为聚合物的阻燃剂，或者与其他阻燃剂一起配合使用。

图 2 - 5 专利的部分权利要求

---

① 四川大学. 分子复合三聚氰胺氰尿酸盐阻燃剂及其制备方法和用途：03135668.0 ［P］. 2005 - 12 - 28.

该专利从产品的结构和组成的角度限定了分子复合三聚氰胺氰尿酸盐阻燃剂，保护范围较为合理，虽然在修改的过程中引入了制备方法的限定，但其实质上源于制备方法对于分子复合方式产生的影响，因此，仍然是限定了较为合理的保护范围，从而较好地实现了专利技术的保护，也正是在这件核心专利的护航推动下，实现了专利技术的转化和运用，创造了显著的经济价值。

二、高校专利技术如何与企业成功对接

1. 校企合作机制

我国专利技术等科技成果转化率低的主要原因之一是高校的专利技术转化受到制约。经过广泛的调研走访发现，很多高校的学者都表示，不清楚专利技术转化的目的是什么，不知道如何进行转化，也不知道对于自身究竟有何种意义。根据财政部的规定，国家设立的研究开发机构和高等院校科技成果的资产评估、审批、公示、收入归属问题已经明确，其科技成果转化具有更加切实可行的操作方式，国家设立的研究开发机构、高等院校转化科技成果所获得的收入全部留归本单位。高校的专利转化一直存在着的机制问题在一定程度上得到了解决，但高校和企业之间的对接还没有一种成熟稳定的方式，尽管各种尝试性的措施都在施行，仍然有待进一步完善。

如同现实中存在的问题，在高校科研院所等事业单位的制度框架下，对每一位教师、学者和研究人员的考核评价中，学术成果占有极其重要的地位，这就促成了学术成果的不断创新和增长。但此类创新成果并不和实际应用密切挂钩，不论这样的创新成果有没有实际应用的价值、是否足够成熟、市场前景如何，只要其能够发表高水平论文或者取得专利证书，都是教师、学者和研究人员的工作成绩。这也就造成专利技术转化率低。

当然，另一方面的原因也在于过去科技成果转化的收益分配问题一直得不到彻底解决，事业单位的国有资产性质也使得专利技术等科技成果转化受到了限制，以规避国有资产流失的风险。

现在，专利技术转化的机制问题得到了一定程度的解决，那么，真正

核心的问题则转移到如何进行专利技术的转化和运用上来。为了回答这个问题，应该首先思考一下，科学研究的目的是什么，究竟是追求高水平的学术论文，还是为了解决国计民生的实际问题。实际上应当是兼而有之的，客观上，现阶段事业单位的科学研究更加偏向于前者，而忽视了解决实际问题的目的。

近年来，在国家大力提倡科技成果转化的背景下，高校等事业单位的专利技术等科技成果转化进一步加强，也不断涌现出校办企业、校企合作等模式和机制，促成了高校与企业在专利技术开发、转化等领域开展全方位合作，包括大学科技园、校企联合研发机构、校企合作委员会、产业联盟和科技中介等具体形式。

经研究分析现有的校企合作机制，现在的校企合作机制在很大程度上盘活了高校等事业单位的专利资源，促进了一定数量的专利技术的转化和运用，起到了很好的推动作用。但如果要从本质上提高校企合作机制的效率，还应该将校企合作的方式进一步创新和细化，从源头上提高专利技术的实际应用性。目前，我国高校科技成果转化率普遍低于5%，而发达国家可以达到30%或者更高。那么，暂且以30%作为事业单位科技成果转化率的标杆，这一比例可以说明两个问题，首先，不是所有的专利技术都能够转化，即使模式合理，总有技术不成熟、买卖双方合作不顺利等因素导致专利技术转化失败；其次，我国高校的科技成果转化率从5%提升到30%还有相当的距离。应该认识到，所有的专利技术如果都是仅以科研为目的产生的，那么，达到30%的转化率几乎是不可能的。所以，应当从源头上，将高校等事业单位的科研项目与企业需要解决的技术问题结合起来，以应用为目的进行科学研究，创新创造新技术，产生高价值专利，后续推动专利技术转化和运用则是顺理成章的。

2. 校政合作机制

校企合作机制解决的是手段问题，实际上是从微观的层面考虑如何推动专利技术转化和运用，但并未真正意义上涉及宏观层面的调控。校企合作机制是一种理想的模型，但理想的模型落到实处有很大的难度。其中，最主要的问题就是如何将高校的科学研究实验室和企业相对接，企业都有实际的问题需要解决，但是如何将企业面临的实际问题匹配到高校的科学研究实验室，并且恰当地解决所述问题以及产生专利技术成果则是一个难点，而这个难点目前主要依赖高校和企业间的人际关系解决，以口口相传的推荐介绍等方式实现具体对接，这也就带来了不可控性和随机性。

为了解决这一问题，政府可以充分介入，扮演重要的角色。校政合作模式是指高校与政府合作成立相关机构开展专利转化，包含政产学研合作办公室、产学研基地和国家工程中心等形式。校政合作模式的特点是高校与政府联系紧密，受政策影响较大，资金和人员等保障能够得到落实。

政府可以利用宏观调控的职能，从上到下推动资源的整合，将高校和企业进行匹配，例如可以通过建立知识产权运营服务平台，收集、整理并发布企业的需求，推动高校等事业单位建立专利技术转化部门，对接企业需求，匹配科学研究实验室，从而助力专利技术等科技成果的转化和运用。

3. 高校联盟机制

除了企业介入的校企合作机制，以及政府主导的校政合作机制以外，高校本身也可以发挥主动性。特别是对于专利技术而言，专利的产生一般是在技术的前端，绝大部分的专利技术还未走到中试以及后续的产业化的阶段。为了实现专利技术的转化和运用，中试和产业化是必不可少的。我国的高校各有特色，比如理科高校、工科高校等，当然不乏众多的综合性大学，但综合性大学的各个学科不是齐头并进的，而是有强有弱、有所侧重的。工科类院校、以工科见长的理工科或者综合类院校的技术创新更接近中试和产业化的阶段。这也就加快了工科院校技术转化的产业化的进程，包括建立校办企业等。

各个高校之间要实现优势互补，建立联盟促进专利技术的转化和运用将会是行之有效的方式之一，特别是以理科见长的院校与以工科见长的院校相互配合，将实验室研究的前端和中后端有机结合在一起，推进中试和产业化的落地，将会有效地实现专利技术的转化和运用。

第二节 专利技术转化中的风险与障碍

一、典型案例与分析

王增良是河北省邯郸市一家公司的负责人。2012 年，王增良出资，与天津大学化工学院合作生产硼同位素产品，指定技术持有人教授张某、博士徐某为项目联系人。在王增良代表公司与天津大学有关方面签订的诸多合同中，大都加盖了天津大学科技合同专用章，这加深了王增良的信任。为此，他先后投入 2.6 亿元。4 年后，他获得证据：张某通过学术造假获得科研项目的结项报告，再对外宣称自己拥有成熟的技术，从企业获得高额利益。2014 年，一份由天津大学科学技术发展研究院盖章的意见称，该技术尚不成熟……①

为了实现技术的转化落地，企业投入了 2.6 亿元，最终因技术不成熟落地失败，认真分析该案，不难看出，王增良仅是一名普通的商人，对于科研和技术并不十分了解，在商业决策中仅仅依靠经验性的判断，例如学校的名气、教师的声誉等，在对技术没有进行充分考察的情况下，盲目地做出投资转化的判断。

对相关科研项目的结项报告中所列举的发明专利申请进行分析，可以非常明确地判断，该项技术并没有落入所列举的专利的保护范围之内。也就是说，虽然发明人声称其技术具有相应的专利支撑，但实质上该技术没有落入专利保护范围之内，同时也说明了该项技术并不成熟，本身就属于实验室阶段，中试尚未完成。

通常情况下，特别是化学领域，技术研究大部分停留于实验室阶段，

---

① 中国青年报. 高科技骗局! 天津大学技术团队学术造假 商人投资 2.6 亿打水漂［EB/OL］.（2017 - 06 - 27）［2019 - 05 - 26］. http：//news. youth. cn/sh/201706/t20170627_10173005_1. htm.

实验室技术的放大和生产实施具有特殊的难度，化学反应会受到放大效应的制约。这就是说，在实验室的小规模实验，即便克级的实验反应非常顺利，一旦放大100~1000倍到中试规模，反应的历程将会受到极大的影响，反应收率很可能会极大地下降，杂质数量和种类会明显增多，带来不可预期的影响。极端情况下，化学反应可能无法完成，无法获得目标产物，因此，必须进行充分的中试和放大实验，才能够保证项目顺利进行扩大生产，确保专利技术转化和运用的实现。

因此，高校专利技术的转化和运用，必须考虑技术成熟度的问题，专利技术在转化落地前，应当在研发过程中充分考虑生产实际，经过多次中试。可采取与企业联合中试的方式，双方共同承担中试失败的风险，不应当仅基于实验室成果，盲目放大投产。高校的科研管理部门和知识产权部门应当联合对重大项目的知识产权保护问题予以监管和支持，指导帮助科研人员获得有效的专利保护，通过充分的现有技术检索以及对于技术可实现性的判断，提升专利技术转化落地的成功率。

此外，高校的专利转化一直存在着一种机制问题，高校的资产是国有资产，科技成果转化特别是专利技术转化存在着国有资产流失的可能性。根据《专利法》第六条的规定，执行本单位的任务或者主要是利用本单位的物质技术条件所完成的发明创造为职务发明创造。职务发明创造申请专利的权利属于该单位，申请被批准后，该单位为专利权人。该单位可以依法处置其职务发明创造申请专利的权利和专利权，促进相关发明创造的实施和运用。非职务发明创造，申请专利的权利属于发明人或者设计人；申请被批准后，该发明人或者设计人为专利权人。利用本单位的物质技术条件所完成的发明创造，单位与发明人或者设计人订有合同，对申请专利的权利和专利权的归属作出约定的，从其约定。高校教师的发明创造一般都是主要利用本单位的物质技术条件所完成的发明创造，即职务发明。而高校自身一般不具备生产的能力，专利技术的转化需要借助外协单位，通过专利许可或者专利转让等形式，将生产的过程转移到企业实现，后期再通过其他的方式实现利益分配。这其中就存在专利的估值问题，如何给专利定价已经是一个难题，如果专利再加上国有资产的角色，将会难上加难。作为中间的主要人物，发明人特别是第一发明人，在专利技术转化中的角色定位也很难明晰。高校的科技成果转化特别是专利技术转化的机制问题仍然没有打通，权益分配的模式有待完善。

机制上的不完善使得专利技术转化中遇到的困难需要寻找其他的解决办法，但因为没有切实的政策和制度作为保障，问题总是不断出现。2019年3月《财政部关于修改〈事业单位国有资产管理暂行办法〉的决定》，主要如下：

一、将第二十一条第一款修改为："事业单位利用国有资产对外投资、出租、出借和担保等应当进行必要的可行性论证，并提出申请，经主管部门审核同意后，报同级财政部门审批。法律、行政法规和本办法第五十六条另有规定的，依照其规定。"

二、将第二十三条修改为："除本办法第五十六条及国家另有规定外，事业单位对外投资收益以及利用国有资产出租、出借和担保等取得的收入应当纳入单位预算，统一核算，统一管理。"

三、将第二十五条修改为："除本办法第五十六条另有规定外，事业单位处置国有资产，应当严格履行审批手续，未经批准不得自行处置。"

四、将第二十六条修改为："事业单位占有、使用的房屋建筑物、土地和车辆的处置，货币性资产损失的核销，以及单位价值或者批量价值在规定限额以上的资产的处置，经主管部门审核后报同级财政部门审批；规定限额以下的资产的处置报主管部门审批，主管部门将审批结果定期报同级财政部门备案。法律、行政法规和本办法第五十六条另有规定的，依照其规定。"

五、将第二十九条修改为："除本办法第五十六条另有规定外，事业单位国有资产处置收入属于国家所有，应当按照政府非税收入管理的规定，实行'收支两条线'管理。"

六、将第三十九条第三项修改为第四项，增加一项作为第三项："（三）国家设立的研究开发机构、高等院校将其持有的科技成果转让、许可或者作价投资给国有全资企业的；"。

七、增加一条，作为第四十条："国家设立的研究开发机构、高等院校将其持有的科技成果转让、许可或者作价投资给非国有全资企业的，由单位自主决定是否进行资产评估。"

八、将第五十一条修改为第五十二条，第四项修改为第五项，增加一项作为第四项："（四）通过串通作弊、暗箱操作等低价处置国有资产的；"。

九、将第五十二条修改为第五十三条，将本条中的"《中华人民共和国行政监察法》"修改为"《中华人民共和国监察法》"。

十、增加一条，作为第五十六条："国家设立的研究开发机构、高等院校对其持有的科技成果，可以自主决定转让、许可或者作价投资，不需报主管部门、财政部门审批或者备案，并通过协议定价、在技术交易市场挂牌交易、拍卖等方式确定价格。通过协议定价的，应当在本单位公示科技成果名称和拟交易价格。

"国家设立的研究开发机构、高等院校转化科技成果所获得的收入全部留归本单位。"

财政部的规定对于国家设立的研究开发机构、高等院校科技成果的资产评估、审批、公示、收入归属问题进行了阐释，并明确了对于国家设立的研究开发机构、高等院校更加切实可行的操作方式。高校专利转化一直存在着的机制问题一定程度地得到了解决。但高校专利技术转化中涉及的核心问题，特别是专利技术成熟度的评价以及转化收益的归属仍然需要具体的规则和办法。

二、高校专利技术转化的关键问题

1. 技术成熟度

20 世纪 60 年代末，美国国家航空航天局（NASA）首次提出技术成熟等级评估的设想，技术完备等级（Technology Readiness Level，TRL）的概念由此发展而来。1995 年，NASA 首次将技术完备等级细分为 9 个等级并实施。从提出至今，TRL 被许多专家和学者广泛地运用于产品技术成熟度的研究。针对不同领域的技术或产品，各个 TRL 等级的具体要求、评估的关键特征会进行相应的变化[①]。随着评估工具的不断开发和评估程序的逐步完善，基于技术完备等级，技术成熟度评估能够较为准确。

---

① 李达，王崑声，马宽. 技术成熟度评价方法综述 [J]. 科学决策，2012 (11)：85.

结合我国高校的实际情况，经研究分析认为，NASA 的 9 级等级体系更倾向于对一项技术本身的设计和实验的维度进行细致的考量，高校的实验技术一般较为完整，按照 NASA 的 9 级等级体系套用可能会得出成熟度较高的结论。经研究分析认为，可在微观考量的基础上，增加宏观考核指标体系，使得基于技术完备等级的技术成熟度分析更加准确，具体包括专利的技术发展趋势、技术先进性、不可替代性、领域适用性、实施难度等方面。

（1）技术发展趋势。

处于技术发展中和学术研究前沿的技术被认为更具有先进性。根据技术发展方向，判断某一技术所在的发展阶段和趋势，朝阳产业、成长产业、成熟产业或者衰退产业的专利技术其技术价值也各不相同。

（2）技术先进性。

技术先进性主要指一项专利技术在进行分析的时间点上，与本领域的其他技术相比是否处于领先地位，技术问题的发现、技术改进的难易程度、技术效果的显著与否综合反映出专利技术的创新高度。专利技术所要解决的问题如果是长期以来想要解决但未能得以解决或者是现有技术中尚未意识到的技术问题，则在一定程度上体现出这一专利技术的先进性。采用全新的原理完成对技术的基本功能的创新属于重大创新，一般指开拓性发明；对已有系统的根本性改进属于显著创新；通过解决普遍意识到的技术问题对已有技术进行一般性改进属于一般创新；对已有技术的简单改进则属于微小创新。技术效果方面则主要与现有技术相比较，较高的创新高度和优于现有技术的技术效果均是专利技术具有先进性的体现。总的来说，技术先进性是需要从专利技术是否涉及当前热点、所解决的技术问题、创新高度及达到的技术效果等方面综合考量的。

（3）不可替代性。

专利技术"可替代"是指已有技术中存在其他技术方案，其解决的技术问题与本专利实际解决的技术问题相同，并达到相同或相近的技术效果，其中，所述已有技术不限于本专利申请日之前的技术。专利技术如果可替代，其技术价值必然会大大降低。当然，对于可替代性的考量同样需要综合多项因素，如替代对象、替代难度或者替代角度（即技术方案的主要差异在哪个方面）。

（4）领域适用性。

专利技术在技术领域的适用情况，例如对于涉及日常生活的发明，一般认为其可适用多技术领域；对于技术面窄、专业性强的发明，一般认为其只适用于特定技术领域。一项专利技术可以应用的范围是否广泛也在一定程度上体现其技术价值。

（5）实施难度。

技术必然需要在实际生产中使用，其实施难度是评价技术重要指标之一。具体而言，实施难度即从实施本专利技术所依赖的生产设备、操作环境、加工精度和投入成本等因素考虑实施上的技术难度。技术实施难度，是从技术上判断能否容易实施，而无须考虑存在法律障碍，如其他授权专利的限制。

结合上述 5 个指标体系可以更加准确地评价技术的完备等级，从而更加准确地确定技术成熟度。发明问题解决理论（简称 TRIZ 理论）是另外一种经典的技术成熟度评价体系，以下将结合 TRIZ 理论进一步分析。

当前大多数基于 TRIZ 理论的技术成熟度研究通常采取的做法是：根据时间统计某个领域的专利数量，并以时间作为自变量，专利数量增量作为因变量，采用不同的方法进行曲线拟合并计算拟合的残差平方和，选中残差平方和最小的曲线作为最终的拟合曲线。在研究过程中发现，如果根据这一方法进行技术成熟度预测，我国各类技术的成熟度判别结果几乎都是处于成长期，这与部分技术的发展趋势不符。这是由于我国的特殊国情导致的，我国专利法于 1985 年开始实施，至今仅有三十多年，年限相对较短；改革开放后，特别是 2004 年以来，我国经济开始快速发展，因此专利数量大幅增加有可能是受到经济发展的大力推动，而非技术进步的推动。受到政策、经济因素的影响，直接通过专利数量拟合曲线进行技术成熟度判断结果不够准确。

经研究分析认为，这其中最为关键的因素是专利数量的增量，受到国家和地方政策层面的影响，专利数量增量的数值存在一定的偏差，但可以考虑对专利数量增量的数值进行修正。高价值专利的培育工作是我国知识产权领域的重点工作，从根本上可以认为高价值专利代表了我国行业技术的发展水平和发展趋势。

在上述分析的基础上，将前文中提到的预测技术成熟度的方法修正为：根据时间统计某个领域的高价值专利数量，并以时间作为自变量，高价值专利数量增量作为因变量，采用不同的方法进行曲线拟合并计算拟合的残差平方和，选中残差平方和最小的曲线作为最终的拟合曲线进行技术成熟度预测。从而能够更加准确地确定专利技术的成熟度。将技术完备等级理论与 TRIZ 理论相结合，二者修正后同时评估高校专利技术的成熟度将会得出更为准确的结论，若二者结论均为正向结果，那么可以认为专利技术成熟度较高。

2. 专利技术收益的归属

财政部的规定对国家设立的研究开发机构和高等院校的科技成果的资产评估、审批、公示、收入归属问题进行了阐释，并明确了对于国家设立的研究开发机构和高等院校更加切实可行的操作方式。以往，高校的专利属于国有资产，其收益归属问题一直限制着专利技术的转化和运用。财政部的规定中提及"国家设立的研究开发机构、高等院校转化科技成果所获得的收入全部留归本单位"，破解了收益归属问题的症结，对于推动高校专利技术转化和运用具有极其重要的意义和作用。

从实际的情况分析，在地方政府以及高校的规章制度层面，仍然还有很多工作要做，要想将国家的政策完全落地，地方政府、高校必须通力配合，加大收益处分的可操作性和便利性，降低专利技术转化和运用的复杂性以及分担专利转化过程的风险，搭建有效的专利技术转化和运用平台，从实质上推动我国高校的专利技术转化和运用。

第三节　国内高校及科研院所科技
成果转化中的专利布局

一、专利布局的介入时机

根据国内高校及科研院所制度建设方面的规定，绝大部分高校及科研院所均将专利（特别是发明专利）视同于高水平的学术论文，作为考核教师的学术和科研成果的重要指标，并且提供相当可观的经费支持。这一方面提升了高校专利申请的积极性，但另一方面也造成专利申请量过于庞大的问题，导致专利技术转化的难度增加，国内高校及科研院所专利技术转化和运用的成功率很低。

换个角度分析，假定国内高校及科研院所在制度建设方面予以调整，例如不将专利数量作为考核教师的学术和科研成果的重要指标，经费支持方面也予以限制，那么，国内高校及科研院所科研人员专利申请的积极性可能会有所下降，但这并不能解决实质的问题。经研究认为，造成我国国内高校及科研院所专利技术转化和运用成功率低的原因在于科研人员并不十分清楚专利申请和布局的核心作用，不知晓如何合理地布局专利，从而导致很多时候该申请的专利没有申请。例如，我国某知名高校在早年的国家高技术研究发展计划（"863"计划）中，经过研究取得了特别优异的成果，但最后仅申请了一项专利，其保护范围很窄，只有一个具体的最优选的方案，近似于一个实施例，完全没有任何外围专利的布局。后来这一专利公开后，竞争对手采用围栏式的布局方法，将其团团围住，甚至这一专利的专利权人想采用自己的技术进行生产都落入竞争对手的保护范围之内，致使专利技术的转化和运用也受到了极大的限制。

对于高校而言，究竟该如何进行合理的专利布局，才能够有效推动和助力专利技术转化和运用呢？从专利布局的介入时机来讲，并不是产生了一项新的技术就要去申请专利，而不考虑后续的应用和推广问题。以发明专利中常见的农药组合物发明为例，现有技术中存在大量的杀灭各种害虫的农药组合物，为了解决《专利法》第22条规定的创造性问题，发明人已将发明的重点转移到组合物的协同增效的问题上来，相对于现有技术已知的杀虫组合物有一定的杀虫活性提高的新组合物则数不胜数，经过理论公式的计算，取得了意料不到的技术效果，从而也就获得了授权。

但很多筛选得到的某种新配比的组合物在市场上并无竞争力，没有企业愿意进一步生产，其原因就在于在技术研发之初并未考虑专利技术的市场化问题，过于追求理论数据的可行性，而并未考虑生产成本、原料来源、使用限制等各种因素。最终导致发明人有了一定的科研成果后，仓促申请专利，但技术并不具有市场价值，无法进行转化和运用。为了避免这种情况的发生，建议高校研究人员在技术雏形初步完备的情况下，不应急于申请专利，而应当充分地调研企业，了解产品的市场前景，特别是一些关键因素，例如生产成本、原料来源、使用限制等，在专利技术确有其使用价值的前提下，再去申请专利，这样会对于专利技术的转化和运用大有裨益。

二、专利布局的深度和广度

根据国内高校及科研院所制度建设方面的规定，绝大部分高校及科研院所将专利（特别是发明专利）视同于高水平的学术论文，作为考核教师的学术和科研成果的重要指标。从我国高校及科研院所专利布局的实际情况来看，大部分是非常零散的，彼此之间的关联度不高。

通常情况下，一项技术的专利布局应当是有核心专利和外围专利的，但很多时候国内的科研人员过于重视技术层面的深度和广度，忽视了专利布局的深度和广度。专利技术作为一种创新型技术，意味着领先和超越。鉴于此，竞争对手总是虎视眈眈，经常通过寻找专利的漏洞予以提出专利无效宣告请求，甚至通过其他专利申请造成权利交叉，威胁权利保护的稳定性以及权利行使的有效性。

只有在兼顾专利布局的深度和广度的核心专利和外围专利的共同保护下，专利技术的转化和运用才能够将风险降到最低，这不仅仅是在专利布局层面的步步为营，更是为专利技术的实施方负责，将实施的行为确实地纳入专利的保护范围之内，并且能够降低被宣告无效和权利交叉覆盖的风险。

对于高校研究团队而言，应当着重在核心专利的布局层面上下功夫，高校通常是技术的源头，很多核心专利的产生应当在高校，因此，应当将核心专利的布局作为重中之重，而外围专利的布局则应当结合高校的实际情况，自有企业转化实施则可以考虑全面布局，而合作转化实施则应当与实施方在技术推广应用层面的具体规划相吻合，充分考虑市场情况从而拟定布局方案。

第三章

国内专利转化和运用
典型案例分析

对于企业而言，科学技术成果的转化和运用是企业本身必须解决的问题，这一点与高校和科研院所有着本质的不同。目前，国内企业在科技成果转化特别是专利技术转化方面，更多的是以自我消化为主，利用企业供应链上下游的生产销售平台，将专利技术产业化和商品化。

这样的模式是可行的，但在现实中仍然存在一定的问题，比如对于企业自身产业链的完整度要求很高，要求企业具有很完善的管理和运营机制等。因此，多数是大中型企业才能够顺畅地将自身的专利技术产业化。

事实上，我国的小微企业数量惊人，企业的专利转化问题同样突出。如何助推我国企业的专利技术转化更上一个新的台阶是我们亟须解决的新问题。

本章将从技术领先推动技术转化与运用、权利稳定护航技术转化与运用、国内企业科技成果转化中的专利布局三个方面，深入分析企业专利技术转化中面临的核心问题，特别是专利权的稳定性，以及技术本身的创新高度对于后续转化和运用产生的深远影响，并探讨企业在专利布局方面应当注意的问题以及采取的策略等。

第一节　技术领先推动技术转化与运用

一、典型案例与分析

1. 优盘

优盘（见图 3 - 1），便携、使用方便、容量适中、适用性广、价格便宜。但大部分人并不清楚，优盘是中国人的发明，也是中国人利用专利进行转化和运用的成功案例的典范。1999 年，朗科创始人邓国顺和合作伙伴成晓华成立了深圳朗科科技有限公司（以下简称"朗科公司"），在世界上率先成功研制出了新一代移动存储器，即闪存盘（取名"优盘"）。

起初是因为软盘（见图 3-2）会受到天气因素的影响，造成数据丢失等状况，而且软盘的容量非常有限，仅有 1.44M。邓国顺将购买的 32M 的 MP3，拆分成 4 块 8M 的闪存芯片，做出最初 4 个 8M 闪存盘的样品。这一创新在 1999 年于深圳举办的中国国际高新技术成果交易会（以下简称"高交会"）上备受关注。优盘可以从 3 米的高度落下安然无恙，体积小到如同钥匙。

图 3-1　优盘　　　　　　　　　　图 3-2　软盘

2000 年 12 月，优盘被 IBM 公司列为其无线应用解决方案唯一推荐的存储产品。2002 年，国家知识产权局正式批准了朗科"用于数据处理系统的快闪电子式外存储方法及其装置"的发明专利。该专利填补了中国计算机存储领域 20 年来发明专利的空白。该专利权的获得引起了整个存储界的极大震动。2002 年，朗科创下了 2.5 亿元的销售奇迹。与此同时，市场上出现了许多同类产品，仅国内市场的同类竞争品牌就多达 200 余个。加之国外巨头 SanDisk、金士顿、PNY、索尼等几乎所有做过计算机存储业务的企业都加入争夺战中，朗科前景一度不容乐观。

2002 年，朗科针对华旗发起侵犯专利权的诉讼，并在此后对美国多家公司发起侵犯专利权诉讼，在朗科一系列的诉讼进攻下，华旗败诉，SanDisk、金士顿、PNY、索尼等国际巨头都展开了和朗科的合作。2004 年，朗科获得美国专利商标局正式授权的闪存盘基础发明专利，美国专利号为 US6829672。2006 年，朗科再次在美国获得一项移动存储方面的基础专利。朗科公司通过诉讼的形式实现了靠收取专利费获利。

2008 年 10 月 22 日，朗科公司在美国获得另一项发明专利授权，该专利中文名称为"一种利用半导体存储装置实现自动执行及启动主机的方法"。此项专利的不同之处在于它解决了闪存盘被系统主机自动识别和启动主机等关键技术问题，它的正式授权进一步巩固了朗科公司在全球闪存应用领域的地位。2009年12月，朗科IPO成功。

朗科公司成为中国第一个靠收取专利费获利的公司，这是中国专利事业发展中里程碑式的事件。但深入分析朗科为什么会在优盘专利诉讼中无往而不利，实质上是朗科公司专利技术的绝对先进性和无可替代性的体现，以及朗科公司对于专利申请的合理运用，从而很好地实现了专利技术的转化和运用。

朗科公司在中国的核心基础专利（CN1088218C），其部分权利要求如下：

1. 一种快闪电子式外存储方法，包括如下步骤：（1）在外存储装置内装用快闪存储介质，同时设置控制其存取数据和实现接口标准功能操作请求的固化软件；（2）对所述快闪存储介质内部数据按单一分块模式组织；（3）建立基于通用串行总线（USB）或IEEE 1394总线的信息交换通道；（4）经由USB或IEEE 1394总线引入所述外存储装置的工作电源；（5）按照USB标准或IEEE 1394标准规定的规范方法在数据处理系统主机与所述外存储装置之间传送要交换的信息。

……

14. 一种快闪电子式外存储装置，包括存储介质（1）和直流供电源（3），其特征在于：还包括存储控制电路（2），该电路（2）包括：微处理器（21）、通用串行总线（USB）接口控制器（22）、USB总线插座（23）和休眠及唤醒电路（24）；所述存储介质（1）是快闪存储器；所述微处理器（21）分别与USB接口控制器（22）、休眠及唤醒电路（24）和存储介质（1）连接；USB接口控制器（22）分别与USB总线插座（23）、休眠及唤醒电路（24）、存储介质（1）和微处理器（21）连接；USB总线插座（23）通过USB电缆与数据处理系统主机连接；所述快闪电子式外存储装置由驱动程序和固化在所述微处理器（21）中的固化软件驱动，所述驱动程序被装载在所述主机上层操作系统和底层操作系统之间。

……

　　该专利从快闪电子式外存储方法与装置两组权利要求，对优盘技术进行了较为缜密的保护，特别是快闪电子式外存储方法将利用串行总线的核心原理恰到好处地进行了概括和保护，形成了一个无法绕过的基础专利。

　　在技术绝对领先的情况下，如果专利技术特别契合市场的需求，那么专利技术的转化和运用将会较为顺利和容易。正如上文中所述的，这一创新在当年的高交会上备受关注，优盘与当时流行的软盘相比，优势是非常巨大的，这也就促成了朗科公司专利技术转化和运用的成功。

　　2. 甲醇制烯烃（DMTO）

　　中国科学院大连化学物理研究所（以下简称"大化所"）的 DMTO 科技成果转化是中国大型科技成果转化的典型代表。DMTO 成果转化基于大化所国家"七五"重点攻关项目成果，由政府推动，以资本为纽带，以中试和工业性试验完善技术和积累实践经验为依托，采用创新技术服务模式实现了大型科技成果的成功转化。

　　该技术达到世界领先水平，工艺优良，且工业投资收益良好，已成为我国推动能源可持续发展的重要技术支撑。此外，DMTO 技术的普遍应用有效推动了我国煤化工装备制造业发展，该成果已经成为我国推动煤炭清洁及高效利用的关键技术，是推动煤炭与能源化工一体化新兴产业的重要技术资源。

　　DMTO 即通过煤基甲醇制取烯烃，是指以煤为原始材料合成甲醇，再使用甲醇制取乙烯和丙烯等烯烃的相关技术。该项技术研发成功，标志着中国煤资源利用形成了完整产业链，对中国实现能源安全、环境治理及"以煤代油"战略目标具有重大战略价值。DMTO 技术从 1981 年立项，直至 2006 年才成功实现成果转化，历时 25 年，整个过程分为 4 个阶段。

　　第一阶段：实验室研发。1981 年，原国家计划委员会确定煤制烯烃技术研发重大科技项目，该项目由大化所承担。大化所根据研究需要，组建了催化剂物化性能表征、沸石合成、催化剂制备、反应工艺及产物分析等研究团队。在我国"六五"计划期间，大化所在实用型沸石催化剂上取得突破，乙烯与丙烯的产出率居国际同类技术领先水平，该成果获得了国内多项科技奖励。

　　第二阶段：中间试验。"七五"期间，DMTO 技术被列为国家"七五"

重点攻关项目，通过在大化所建立关于甲醇制烯烃方面的中试基地，开启了 DMTO 技术的中试工作。研究团队深入探索了 SAPO 系列分子筛合成、不同模板剂选择，突破了催化剂的核心技术难题。团队选择上海青浦化工厂进行中试，流化床 DMTO 过程中试运转良好。"八五"期间，大化所研制出了催化效果良好、价格相对低廉的新型分子筛型催化剂。

第三阶段：工业性试验。2004 年，陕西省政府经研究决定投资 DMTO 技术成果转化，为陕北煤炭资源综合利用探索新路径。陕西省投资集团等公司以现金出资，大化所以技术入股，联合成立了新兴煤化科技有限公司，以其为转化主体，负责 DMTO 的工业性试验。2004 年年底，在陕西华县开始建设 DMTO 技术工业性试验装置。2005 年年底，成功完成了建设和试验设备调试工作，并正式开展了 DMTO 技术的工业性试验。2006 年 6 月，完成包括投料试车、不同条件的试验、实践运行考核等 3 个阶段的工业性试验，形成了第一代 DMTO 技术（以下简称"DMTO- I"）。2008 年 3 月，陕西煤业化工集团与大化所共同成立了工程中心。工程中心基于 DMTO-I 技术，实施技术再开发，研发出制造每吨烯烃产品甲醇原料的单耗降低 10% 以上的第二代甲醇制烯烃技术（以下简称"DMTO- II"）。2015 年年初，DMTO- II 工业示范装置在陕西蒲城开车运行成功。

第四阶段：商业化。2007 年 6 月，神华集团在包头投资国内首套 DMTO- I 技术的百万吨级工业化装置，该项目包括年产量 180 万吨的煤基甲醇联合化工装置和年产量 60 万吨的甲醇基聚烯烃联合石化装置，以及与之相配套的热电站、厂外接入工程和辅助生产设施等建设，并由国家发展改革委批准成为国家示范工程。煤制烯烃技术成功地将我国丰富的煤炭资源转化为国家紧缺的乙烯等工业原料，有效减少了我国对烯烃制品的进口依赖。截至 2016 年年底，我国投产和在建的煤制烯烃装置投资额达到 1500 亿元左右。同时，DMTO 技术的商业化应用，有效推动了我国能源化工产业和煤化工装备制造业发展①。

DMTO 案例是我国典型的拥有完全自主知识产权的案例，并且在专利

① 田国华，张胜. 中国大型科技成果转化模式研究：来自煤制低碳烯烃技术的案例 [J]. 科技进步与对策, 2019, 36（05）：26.

技术转化和运用过程中取得了巨大的成功。但从该案例中可以看出的是，专利技术的转化和运用的成功并不完全是自主知识产权的结果。DMTO 成果转化背景是我国富煤少油少气的能源资源环境，该技术能够将我国丰富的煤炭资源转化为我国进口依赖度较高的烯烃类产品，有效保障能源安全，并推动我国能源化工产业发展，是具有能源战略价值的重大创新性科技成果。政府、企业在面临着困境的情况下，为我国能源化工产业奋力一搏，从 1981 年到 2006 年，25 年间几代人不懈努力，才实现了该项专利技术转化和运用，这种科技成果转化并不是任何一个单一的创新主体能够完成的，这其中所要克服的困难无法用金钱来衡量。

从该案中也可以看出，现在对于大型科技成果转化，特别是前沿专利技术转化，政府在其中占据了非常重要的地位。一方面，结合地方政府的工作及地区的实际情况，专利技术可能会具有非常好的应用前景，例如解决环境问题、拉动地方经济等；另一方面，企业对于专利技术落地的疑虑较小，企业承受的风险相对较小。

正如上文提及，陕西省政府决定投资 DMTO 专利技术转化，组织了陕西省投资集团、大化所等联合以现金出资、技术入股等形式，联合办厂将技术落地，并最终取得巨大成功。政府介入会带来更加稳定的资金注入，并起到稳固的桥梁作用，无论是专利技术输出方，还是专利技术的输入方都会更加信服。

3. 药品申报

某企业（甲方）拟与某研究所（乙方）签订一份某药品成果的技术转让合同，约定乙方向甲方转让该药品发明专利技术，由乙方负责按照原国家食品药品监督管理总局（CFDA）化学药品新注册分类中注册申报临床及生产批件的要求完成该项目的研究，通过药品研制现场检查，使甲方获得该药品的临床批件，并协助甲方申报生产直至最终获得生产批件、上市销售。该项目的技术转让费为 2000 万元，全部由甲方承担，其中发明专利转让费 30 万元，采取阶段式分期付款方式。

乙方应按照该合同的附件协议所确定的研究开发计划进行本项目的研究开发工作，并达到相应的开发进度，甲方才支付相应款项。在合同正式签订后 15 日内甲方向乙方付款 10%，含发明专利权转让费 30 万元。合同要求乙方在收到该笔款项后 3 日内向甲方提供该项目的全部现有技术资料及下一步研究方案，包括但不限于研究原始数据、记录、申报资料、原辅料包材供应商信息及价格、仪器设备厂家型号及价格等，并按照甲方提供的方案开展相关制剂研究。

在乙方完成甲方提出的制剂研究、质量研究、临床前研究的所有内容，并经甲方确认后 15 日内，甲方向乙方付款 30%。如果临床前研究不获通过，乙方同意协助甲方进行技术改进研究，期间所产生的费用由乙方承担。

在完成申报并取得临床批件后 15 日内，甲方向乙方付款 10%。如果 CFDA 审评结论为不批准临床，则按照合同解约条款解除合同。完成临床试验，向 CFDA 申报生产，并取得生产批件后的 30 日内，甲方向乙方付款 50%。如果 CFDA 审评结论为不批准生产，则按照合同解约条款解除合同。

合同解约条款约定，出现下列情形的，甲方有权选择终止合同履行，并书面通知乙方。乙方在收到通知后的 15 日内将已收取的款项，按照以下比例无息返还给甲方：在合同签署 3 个月内，因原辅料、包材不可得或无法长期供应，技术方案及实施不可行或可行性价值过低，政府政策影响导致项目不可行等，乙方应返还甲方已支付款项的 80%，甲方不必支付剩余的研究费用给乙方。制剂小试、中试阶段因处方工艺、稳定性、分析方法等技术问题不符合 CFDA 申报要求，并无法解决或解决方案成本过高，乙方应返还甲方已支付费用的 70%，甲方不必支付剩余的全部合同款给乙方。临床前药理毒理试验结果不符合 CFDA 申报要求，并通过技术改进仍无法解决的，乙方应返还甲方已支付费用的 60%，甲方不必支付剩余的全部合同款给乙方。临床试验失败、不能生产出合格的临床样品、生产批次放大等因素导致无法获得生产批件，或申报结论为"不批准"，乙方应返还甲方已支付费用的 40%，甲方不必支付剩余的全部合同款给乙方。

在双方签订的补充协议中，要求乙方在合同签署前对制剂处方、工艺、包装形态、用途等专利情况进行调查，保证提供给甲方的研究成果是独立开发完成的，不侵犯任何第三人的合法权益，否则，要承担全部侵权责任。乙方应进行专利检索，并根据专利检索结果设计制剂研究方案①。

从该药品成果的技术转让合同中，首先可以明确的是乙方（即研究所）所面临的风险很低，除非乙方的研究成果不是独立开发完成的，侵犯第三人的合法权益，在这种情况下，乙方要承担全部侵权责任。否则，在合同正式签订后 15 日内甲方向乙方付款 10%，即 200 万元后，乙方处于绝对的优势地位，不论其专利技术最终的转化结果如何，乙方均存在一定的盈利，而且不必为甲方因此而受到的损失买单。双方为何会签订这样的技术转让合同，应该说这与特殊的技术领域以及技术的领先程度是密切相关的。首先，在中国具有自主知识产权的原创药品的研发难度非常高，特别是未在国内外上市销售的通过合成或者半合成的方法制得的原料药及其制剂少之又少。其原因就是药品的合成与制备的难度很大，即使得到了部分化合物，后期的药物活性筛选成本很高，现在虽然存在高通量筛选的设备，但国内能够负担起此类设备成本的创新主体凤毛麟角，大部分企业仍然停留在仿制药的阶段。其次，一旦某一家单位能够克服万难得到一个具有自主知识产权的药物化合物，这将对国内的医药市场产生巨大的影响。而通常情况下，药物化学领域的早期成果出现于高校或者科研院所，就如同本案，研究所（乙方）获得了新药的发明专利。然而，高校或者科研院所的专利技术转化能力相对较弱，并且可以用于支撑药品长期研发过程的流动资金不足，特别是药物化合物从研发的起点到上市销售通常要 10～15 年的时间，这一般会超出高校自身所能承载的时间跨度。

因此，对于药物化合物的专利技术，高校或者科研院所大多会选择与企业共同进行后续的研发合作，由企业出资为专利技术的转化和运用买单。这看似是一件不合理的事情，为什么会有企业愿意承担这样的风险呢？正如本案一样，看似专利权人不需要承担相关的风险，在收到甲方200 万元的首付款后，至少可以留存 200 万元的 20%（即 40 万元）的款项，即便后续的方案和实验完全失败。其根本原因还是药物领域专利技术的绝对创新性，一般情况下，经过国家知识产权局实质审查获得授权的药

---

① 吴寿仁. 科技成果转化若干热点问题解析（二十二）：科技成果转化中的技术合同政策导读及案例解析 [J]. 科技中国，2019（03）：52.

物化合物专利的创新性较高，这会在一定程度上保障后续的专利转化和运用的可实现性和可预期性。并且一旦药物化合物专利技术转化落地，药物化合物上市销售，企业可以获得市场的垄断，而药物专利的侵权行为非常少，其原因在于药物上市必须公布药品使用说明书，而其中必须明确记载药物化合物的结构，这就使得侵权行为非常容易取证。

因此，甲方企业才会愿意为此冒着经济利益受损的风险，为乙方研究所进一步的申报和临床审批过程买单，风险与机遇并存，特别是对于技术创新水平高的专利技术，由于现有技术中可借鉴的经验很少，存在一定的失败风险，但也正因为其创新水平高，使得专利转化和落地的希望更大。

4. 汉字激光照排

1981 年 7 月，中国第一台计算机激光汉字照排系统原理性样机（华光 I 型）在教育部和国家电子计算机工业总局的主持下，通过了部级鉴定。

鉴定会肯定华光 I 型机在汉字信息压缩技术方面居于世界领先地位；激光照排机的输出精度和排版软件的某些功能达到了国际先进水平。看过底片和样书或观摩过华光机的美、英、日等国的技术专家都给予了高度评价。但是，在发明人王选教授看来，一项科研成果不管获得多少荣誉以及高度评价，只要没有走出实验室，没有取得经济效益和社会效益，都不过是海市蜃楼罢了。"华光系统在成为实用商品之前，我们的成果只能算作零！"这是王选对自己提出的挑战。他没有退缩，而是作出了从零起步的战略决策。

王选带领研究室的全体成员，夜以继日地投入华光系统的换代工作中。他负责新一代产品华光 II 型系统的逻辑设计和微程序的编制。原系统小规模集成电路被中、大规模集成电路及微处理机所取代，研制工作进展顺利。

1983 年夏天，华光 II 型系统研制成功。随即，大样机在普通纸上打出了清样！当时国外最先进的照排系统也只能在价格昂贵的照相纸上打出清样，直到 1984 年年初才能在普通纸上打出清样。

1984 年年初，华光 II 型系统在展览会上刚一亮相，就被新华社大胆采用了。

1985 年 2 月 1 日，新华社用华光 II 型计算机激光汉字编辑排版系统连续运行排印出《新华社新闻稿》日刊和《前进报》旬报。华光Ⅱ型系统经受住了实践的检验。5月，中国计算机界、新闻界和出版界一百多名专家，出席了中华人民共和国国家经济委员会主持的鉴定会。专家们对华光Ⅱ型计算机激光汉字编辑排版系统进行了严格的测试和审查之后，郑重宣布华光Ⅱ型编排系统是我国研制成功的一项具有国际先进水平的重大科研项目，开创了我国印刷技术发展史上的新纪元。

我国各大报刊都报道了这一重大新闻，并宣布华光Ⅱ型系统即将正式投入批量生产。在一片赞美声中，王选却以十分苛刻的目光对华光Ⅱ型系统"横加挑剔"：体积大、外观不秀丽、主机硬盘对机房的要求过高、软件要进一步改进提高等。

1987年，王选完成Ⅲ型机微程序设计的同时，又巧妙地构思了空心、旋转、勾边等一系列美观新颖的字体设计方案。王选认为华光系统的技术条件已经成熟，可以实现输出对开的日报。

1987年年初，《经济日报》印刷厂购进的两套华光Ⅲ型照排系统先后安装调试完毕。1987年5月22日，在《经济日报》印刷厂的激光照排车间里诞生了世界上第一张整页输出的中文报纸！

《经济日报》的时效更是惊人。1987年10月，中国共产党第十三次全国代表大会的工作报告全文达34 000多字。各大报社在收到新华社电讯稿之后，即便立即召集了一批最熟练的印刷工人，也苦战了三四个小时才能完成排版任务。只有《经济日报》在收到电讯稿之后，借助华光系统仅仅用20分钟就在照排车间完成了全部排版任务！

1988年7月，经济日报印刷厂卖掉了铅字，全部废除了铅排作业，成为中国第一个甩掉铅字的印刷厂。从1981年王选发明激光汉字照排系统原理性样机通过国家鉴定后，到1991年又相继推出了华光Ⅱ型、Ⅲ型、Ⅳ型和新一代方正91电子出版系统。王选成功的关键在于其在强烈的科技创新意识、发展机遇意识和市场竞争意识的驱动下所作出的一系列决策。当华光Ⅰ型机问世时，他已谋划着要实现研究成果向商品的转化；而当华光Ⅱ型机被一片赞誉声环绕时，王选却洞悉到：停顿就意味着失去市场，意味着失去发展的机遇。他没有松劲，从而也就在不断开拓进取中获得了令人瞩目的发展成就①。

应该说汉字激光照排系统对于中国印刷术的技术创新贡献是里程碑式的。在中国的历史长河中，四大发明占有了相当重要的历史地位，这其中就包括了印刷术。王选教授则将其发扬光大，汉字激光照排系统成为世界领先的技术，解决了印刷领域长期以来的印刷速度慢、质量差、需要反复校对修改等问题。

1985 年 4 月 1 日，在中国专利法实施的当天，潍坊电子计算机公司和北京大学作为共同申请人向中国专利局提交了汉字激光照排系统的专利申请，该申请于 1985 年 9 月 10 日获得授权，并获得了首届中国专利奖金奖。1986 年王选教授的核心技术开创了一个新的产业（即电子出版产业），占领了 80% 以上的国内市场和 95% 以上的国际市场。

该专利申请号为 CN85100285，权利要求 1 如图 3－3 所示。②

1. 一个由用于存放汉字字形和作为扫描缓冲用的单个主存贮器、用于存放一个汉字标记点阵的单个标记点阵存贮器，以及一片双极型16位用户可编微程序的微处理器、单个微程序控制器，包括有微指令寄存器的单个微程序存贮器所组成的，将汉字笔划轮廓折线矢量信息压缩复原成分辨率为25线/毫米以上的汉字字形发生器：为了实现将汉字字形压缩信息高速复原成高分辨率汉字字形点阵中的微处理器和微程序控制器与外加逻辑电路互相配合并作平行操作，而专门设计的外加逻辑电路，包括有：用于记录与向量最邻近的那些阶梯点的X、Y坐标及控制运算加、减1或1维持不变的坐标X计数器〔8—1〕、坐标Y计数器〔8—2〕，用于存放当前向量长度max（x，y）的补码，并进行加1运算的Len长度计数器〔8—3〕：用于存取运算过程中各类向量、符号位、比较结果等状态及信息的状态寄存器VECD〔8—4〕、VECD*〔8—5〕和触发器N〔8—6〕、GS〔8—7〕、GS*〔8—8〕：层次计数器FL〔9—3〕，移位寄存器FD〔9—5〕，标记点阵存贮器WS的缓冲寄存器WSD〔9—1〕，锁定器MC〔MC。〔9—7〕、数据选择器WSA〔8—13〕、MCMUX〔9—8〕、WSDMUX〔9—2〕；本发明的特征在于：

采用随机逻辑实现产生出准备写入的二位标记ZX₁、ZX。的ZXG电路〔8—12〕，以及产生出最终标记的XMG电路〔9—9〕，采用随机逻辑实现的在进行将标记点阵转换为最终输出点阵的转换步骤中用的FI电路〔9—4〕；以及全等比较器ECOM和ENDG电路〔8—15〕

图 3－3　权利要求 1

① 百科故事网．1981 年王选发明汉字激光照排．［EB/OL］．（2017－08－06）［2019－05－26］．www. pmume. com/o/n5a50. shtml.

② 北京大学，潍坊电子计算机公司．高分辨率汉字字形发生器：851002854［P］．1985－09－10.

　　该专利通过存储器结合算法的形式进行撰写，较好地实现了技术的保护。虽然汉字激光照排系统在技术转化和推广中也遇到了一些困难，但鉴于该技术的领先程度很高，在王选教授团队的共同努力下，技术的转化和运用是非常充分的，将国内和国际上的大部分市场均掌握在手中，这是技术领先推动专利技术转化和运用的典型案例。在专利技术绝对领先的情况下，无论是竞争对手还是技术实施方，都将对技术的发展持有较为一致的预期，从而可以很大程度上推动专利技术的转化和运用。

二、技术创新水平与专利技术转化和运用的关系

　　对于企业而言，科学技术成果的转化和运用是企业必须解决的问题。但经过调查研究，目前国内企业在科技成果转化特别是专利技术转化方面，更多地是以自我消化为主，如华为、腾讯等国际化企业巨头，而利用企业供应链上下游的生产销售平台，能将专利技术落地产业化和商品化并推向市场的则凤毛麟角。中国绝大多数企业是中小微企业，生产销售能力弱，内生的专利技术转化和运用虽然能够实现，但无法将专利技术的价值最大化地展现出来。

　　将专利技术推广到其他企业面临着技术的应用前景、市场份额、风险防范、竞争对手等诸多因素的考量。通过前述典型的成功案例可以看出，技术本身的领先程度对专利技术的转化和运用的真正实现具有决定性的作用，特别是对于中小微企业而言，如果技术缺乏竞争力，其推广和应用则无从谈起，而追求领先的技术则能够破除技术的应用前景、市场份额、风险防范、竞争对手等的诸多界限，打消合作双方的疑虑，将专利技术更加充分地转化和运用。

第二节　权利稳定护航技术转化与运用

一、典型案例与分析

1. 自拍杆

申请号为 CN201420522729.0、申请人为源德盛塑胶电子（深圳）有限公司、名称为"一种一体式自拍装置"的实用新型专利取得了巨大的商业成功。小小的自拍杆（见图 3 - 4）市场售价在几十元左右，但源德盛塑胶电子（深圳）有限公司通过其专利技术的转化和运用获得了数亿元的收益。

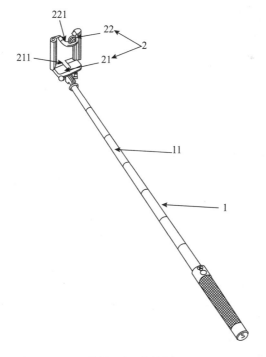

图 3 - 4　自拍杆

一件高价值专利的产生，具体而言，其权利要求书应当具有很强的条理性与空间性。该自拍杆的实用新型专利的权利要求书在内容上大致分为两部分：伸缩杆和夹持装置。首先以一体式自拍装置中的伸缩杆为点，对伸缩杆上端所包含的特征进行限定并逐条细化，同时对伸缩杆下端所包含的特征进行限定并逐条细化；其次再对夹持装置具有的特征进行限定并逐条细化，递进程度拿捏良好，形成了完整、简洁、清晰的技术方案，最终使该实用新型专利成为一个高质量的专利。其部分权利要求如下[①]：

1. 一种一体式自拍装置，包括伸缩杆及用于夹持拍摄设备的夹持装置，所述夹持装置包括载物台及设于载物台上方的可拉伸夹紧机构，其特征在于：所述夹持装置一体式转动连接于所述伸缩杆的顶端。

2. 根据权利要求1所述的自拍装置，其特征在于：所述载物台上设有一缺口，所述夹紧机构设有一与所述缺口位置相对应的折弯部，所述伸缩杆折叠后可容置于所述缺口及折弯部。

3. 根据权利要求2所述的自拍装置，其特征在于：所述伸缩杆包括若干伸缩节。

4. 根据权利要求3所述的自拍装置，其特征在于：所述伸缩杆上端设有一连接头，该连接头与所述伸缩杆的最上端伸缩节一体式设置。

5. 根据权利要求4所述的自拍装置，其特征在于：所述连接头与所述夹持装置转动连接，且转动连接位置设有锁紧装置。

6. 根据权利要求3所述的自拍装置，其特征在于：所述伸缩杆的下端设有手持部，该手持部上设有拍摄按钮。

7. 根据权利要求6所述的自拍装置，其特征在于：所述手持部包括一防滑区，所述防滑区设有防滑纹。

8. 根据权利要求6所述的自拍装置，其特征在于：所述手持部的底端设有电源开关。

……

多地多方请求人针对该实用新型专利轮番提出无效宣告请求，共计28

---

① 源德盛塑胶电子（深圳）有限公司. 一种一体式自拍装置：201420522729. 0［P］. 2015 – 01 – 21.

次。其中，有 17 件无效宣告请求作出了审查决定，维持有效 13 件，被宣告部分无效 4 件。该专利在 2018 年 12 月获得第 20 届中国专利奖金奖。该技术的创新之处在于一体式转动连接的方式以及载物台上设有一缺口，所述夹紧机构设有一与所述缺口位置相对应的折弯部，在技术的实际运用阶段取得了良好的效果。

专利是否被宣告无效实际上就是专利权人与提出专利无效宣告程序请求人相互博弈的结果。为了防止辛苦获得的专利付之东流，专利权人在拥有高质量专利的基础上，以该高质量专利为核心专利，还展开了合理有效的专利布局，以其他相关专利作为外部专利围绕核心专利层层设防，极大程度地增加了核心专利技术保护的稳定性。

专利权人在全国展开了大规模的诉讼维权行动，起诉地点遍布全国 20 多个省市，侵权诉讼提出数量多达数千起，侵权诉讼所获赔偿金额达到上亿元，体现了国内企业重视提高自身知识产权创造、运用、保护的能力。

2. 旋转式吸管瓶盖

浙江小家伙食品有限公司（以下简称"小家伙公司"）是一家生产儿童饮料和食品的生产企业，其代表产品为"小家伙"草莓型果奶、菠萝型果奶和 AD 钙奶等多种儿童饮料。传统的儿童饮料外包装普遍使用吸管，儿童在吸食过程中，往往直接用手接触，既不卫生，也很不方便。1998 年年初，小家伙公司设计生产出无须插管和打开瓶盖，只要用手一拧，就可以饮用的旋转式吸管瓶盖（见图 3 - 5）。这一新型外包装专利申请人为小家伙公司总经理潘笃华，申请号为 CN98201649.2，发明名称为"旋转式吸管瓶盖"，获得国家实用新型专利授权。由于其专利饮料瓶设计独特新颖，新产品推向市场后供不应求，1998 年下半年取得了销售额过亿元的成绩。但各地市场上包装设计仿制该专利的产品也纷纷亮相，全国多家食品饮料企业涉嫌侵犯其瓶盖专利权。

在众多涉嫌侵权生产的企业中，浙江金义集团有限公司（以下简称"金义集团"）生产的旋转式吸管瓶盖 AD 钙奶，在全国销售量较大，仅在江西省年销售额就在 1 亿元以上。1999 年 4 月，小家伙公司以侵犯专利权为由，把金义集团告上法庭，要求金义集团赔偿经济损失 1300 万元。南昌市中级人民法院受理了此案，同年 5 月 31 日小家伙公司又以"旋转式吸管

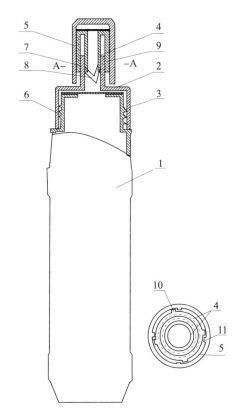

图 3 – 5   旋转式吸管瓶

瓶盖"实用新型专利权被侵犯为由，将广东乐百氏集团有限公司（以下简称"乐百氏集团"）及中山市乐百氏保健品有限公司告上了法庭。这两起诉讼拉开了小家伙公司长达 4 年的维权序幕。

诉讼中，金义集团和乐百氏集团都对"旋转式吸管瓶盖"专利的有效性提出了质疑，于 1999 年 6 月以该专利不具有新颖性、创造性和实用性为由，向原国家知识产权局专利复审委员会提出无效宣告请求。同时，乐百氏集团要求北京市第二中级人民法院中止上述侵权诉讼程序。2001 年 7 月 18 日，原国家知识产权局专利复审委员会作出了维持该实用新型专利权有效的决定。2001 年 11 月 1 日，乐百氏集团以新的证据再次提出上述专利的无效宣告请求。2002 年 5 月 23 日，原国家知识产权局专利复审委员会再次作出维持该专利权有效的决定。①

经检索，旋转式吸管瓶盖实用新型专利前后经历了27次专利无效宣告请求程序，最终仍然能够维持有效，足以说明其权利的稳定性。该实用新型专利部分权利要求如下②：

1. 一种旋转式吸管瓶盖，它主要由瓶（1）、封口膜（2）、瓶盖接头（3）、吸管（4）、护盖（5）组成，其特征在于瓶（1）口上粘贴有封口膜（2），瓶（1）口上通过螺纹（6）旋拧有瓶盖接头（3），瓶盖接头（3）上通过螺纹（7）旋拧有吸管（4），吸管（4）上套插有护盖（5）。

2. 根据权利要求1所述的旋转式吸管瓶盖，其特征还在于吸管（4）的内管上设有锥刺（8），吸管（4）的外管内设有螺纹（9），吸管（4）的外管外设有拨头（10）。

3. 根据权利要求1所述的旋转式吸管瓶盖，其特征还在于护盖（5）内设有主拨头（11）。

其技术的核心要件就是封口膜、吸管、螺纹旋拧方式之间的配合使用，从而实现了避免手动触碰吸管引入病菌导致的疾病传播。申请日前并无相关构思的现有技术，从而确保了实用新型专利权的稳定。

发明人在商业上灵敏的嗅觉抓住了饮料装载容器不卫生的缺陷，通过巧妙的结构改造，克服了现有技术的缺陷，解决了现有技术无法解决的技术问题，一方面获得了权利稳定的专利权，另一方面也促成了其专利技术的转化和运用，保证了市场份额。

3. 西电捷通WAPI

WAPI存在于每一个国内出厂的智能手机中。WAPI是什么呢？WAPI和Wi-Fi都是无线局域网传输协议，Wi-Fi由国外提出，WAPI则是中国自主研发。两者最本质的不同是安全认证方式不同，不同的安全认证方式带来了不同的网络安全性。不少专业人士认为，相比于Wi-Fi，WAPI的安全性更高。目前，无论国内还是国外，Wi-Fi都更为流行。我们平时使用的无线局域网一般都是Wi-Fi，很少使用WAPI，在大部分人的意识中

---

① 李青. 小小瓶盖引发千万元官司 [J]. 质量指南，2003（17）：23.
② 潘笃华. 旋转式吸管瓶盖：98201649.2 [P]. 1999-03-31.

Wi-Fi 就是无线网络的代名词。

与 Wi-Fi 安全技术相比，WAPI 在双向身份鉴别、防范非法接入、防钓鱼、防假热点等方面具有明显优势。2003 年 5 月，WAPI 标准正式被批准为中国国家标准。2003 年 8 月，西安西电捷通无线网络通信股份有限公司（以下简称"西电捷通"）围绕 WAPI 相关技术通过《专利合作条约》（PCT）途径提交了国际专利申请，西电捷通提出的相关专利申请在进入美国时遭遇了重重障碍。按照美国专利商标局公布的专利审查周期，在美提交的专利申请提出第一次审查意见平均时间为 25.7 个月，但 WAPI 的相关专利申请却耗时 50.5 个月才由美国专利商标局提出了第一次审查意见。此后，相关专利申请又一再地受到延迟审查、不合理限缩专利权范围等种种波折。直到 2013 年，经中国国家知识产权局等部门的多次斡旋，WAPI 专利申请终于获得美国专利商标局授权。此时，距相关专利申请首次进入美国国家阶段已经过去了八年半。

WAPI 从诞生之初就开始遭遇围追堵截。WAPI 诞生时，国外已经提前布局无线局域网专利。2004 年，中国要实施 WAPI 标准时，便遭遇美国施压。美国把这个问题上升到中美商贸联合委员会议题。当时中国刚加入WTO 不久，有更多的利益关系要和美国谈判。当时有三大议题：3G 标准自主选择、软件退税以及 WAPI。经过权衡之后，WAPI 虽然还是强制性标准，但是没有强制实施。客观地说，这使中国在这一领域丧失了一条弯道超车的机会。现在，全球无线局域网芯片基本上都是国外的产品。

WAPI 在进入国际标准的道路上也遭遇了重重阻挠。美国三次使用拒绝签证的手段，拒绝中方重要专家参加在美国举行的国际标准化组织年会，干扰 WAPI 国际标准进程。WAPI 最终于 2010 年 6 月才被国际标准化组织接纳为正式国际标准。

2017 年 3 月 22 日，北京知识产权法院对西电捷通诉索尼移动通信产品（中国）有限公司（以下简称"索尼中国公司"）发明专利侵权案作出一审判决，索尼中国公司侵犯西电捷通公司涉 WAPI 标准必要专利，判令其立即停止侵犯涉案专利权行为，支持原告"以许可费的 3 倍确定赔偿数额"的主张，确定经济损失赔偿数额超过 860 万元。

上诉人索尼中国公司因与被上诉人西电捷通侵害发明专利权纠纷一

案，不服北京知识产权法院（2015）京知民初字第 1194 号民事判决，向北京市高级人民法院提起上诉。2018 年 3 月 28 日，北京市高级人民法院就西电捷通诉索尼中国公司无线局域网安全标准（WAPI）专利侵权案作出终审判决，驳回上诉，维持一审判决。

2015 年 7 月 23 日，索尼中国公司针对涉案专利"一种无线局域网移动设备安全接入及数据保密通信的方法"（专利号为 02139508. X），向原国家知识产权局专利复审委员会提出无效宣告请求，请求宣告涉案专利权利要求 1 ~ 14 全部无效。请求人在无效宣告请求书中提出的部分无效理由是：（1）权利要求 1 ~ 14 得不到说明书的支持，不符合《专利法》第 26 条第 4 款的规定；（2）权利要求 1、6 ~ 14 及说明书的修改超出了原说明书和权利要求书记载的范围，不符合《专利法》第 33 条的规定；（3）权利要求 1、2、6、7 不具备《专利法》第 22 条第 3 款规定的创造性。原国家知识产权局专利复审委员会于 2015 年 11 月 16 日对该案举行口头审理，并于 2016 年 2 月 17 日作出第 28356 号无效宣告请求审查决定，维持 02139508. X 号发明专利权有效。

2016 年 5 月 10 日，原告苹果公司就西电捷通持有的该涉案专利，向原国家知识产权局专利复审委员会提出无效宣告请求，请求宣告涉案专利权利要求 1 ~ 14 全部无效。请求人在无效宣告请求书中提出的部分无效理由是：（1）本专利权利要求 1 ~ 14 的技术方案在说明书中未充分公开，不符合《专利法》第 26 条第 3 款的规定；（2）权利要求 1 ~ 14 不具备《专利法》第 22 条第 3 款规定的创造性。2017 年 2 月 20 日，原国家知识产权局专利复审委员会作出第 31501 号无效宣告请求审查决定，驳回了苹果公司的全部请求，维持涉案专利有效。

西电捷通 WAPI 专利案可以说是国内标准必要专利第一案，西电捷通在无线局域网标准领域做出了杰出的贡献，WAPI 技术相对于 WIFI 技术在很多方面具有显著的优势，这也是其受到美国打压的主要原因。

尽管如此，西电捷通仍然在专利申请方面下足了功夫，经检索涉诉专利，其部分权利要求如下①：

1. 一种无线局域网移动设备安全接入及数据保密通信的方法，其特征在于，接入认证过程包括如下步骤：

步骤一，移动终端 MT 将移动终端 MT 的证书发往无线接入点 AP 提出接入认证请求；

步骤二，无线接入点 AP 将移动终端 MT 证书与无线接入点 AP 证书发往认证服务器 AS 提出证书认证请求；

步骤三，认证服务器 AS 对无线接入点 AP 以及移动终端 MT 的证书进行认证；

步骤四，认证服务器 AS 将对无线接入点 AP 的认证结果以及将对移动终端 MT 的认证结果通过证书认证响应发给无线接入点 AP，执行步骤五；若移动终端 MT 认证未通过，无线接入点 AP 拒绝移动终端 MT 接入；

步骤五，无线接入点 AP 将无线接入点 AP 证书认证结果以及移动终端 MT 证书认证结果通过接入认证响应返回给移动终端 MT；

步骤六，移动终端 MT 对接收到的无线接入点 AP 证书认证结果进行判断；若无线接入点 AP 认证通过，执行步骤七；否则，移动终端 MT 拒绝登录至无线接入点 AP；

步骤七，移动终端 MT 与无线接入点 AP 之间的接入认证过程完成，双方开始进行通信。

2. 根据权利要求 1 所述的方法，其特征在于，所述的接入认证请求为移动终端 MT 将移动终端 MT 证书与一串随机数据组成接入认证请求发往无线接入点 AP，以随机数据串为接入认证请求标识。

3. 根据权利要求 1 所述的方法，其特征在于，所述的证书认证请求为无线接入点 AP 收到移动终端 MT 的接入认证请求后，将移动终端 MT 证书、接入认证请求标识、无线接入点 AP 证书及无线接入点 AP 对前三项的签名构成证书认证请求发送给认证服务器 AS。

……

---

① 西安西电捷通无线网络通信有限公司. 无线局域网移动终端的安全接入与无线链路的数据保密通信方法：02139508.X［P］. 2005 – 03 – 02.

西电捷通对通信过程中的接入认证过程进行了合理的概括，采用公钥密码技术，通过双向认证机制，解决了无线局域网 WLAN 中没有对移动终端 MT 进行有效安全接入控制的技术问题，克服了无线链路的数据通信保密的局限性，保障了移动终端 MT 接入的安全性、通信的高保密性。

西电捷通在与通信行业巨头苹果公司和索尼公司的专利诉讼以及被请求宣告专利权无效的程序中，均获得了胜利，涉案专利的权利要求的稳定性很高，这也推动了西电捷通的专利技术转化和运用。现在国产手机里都装有 WAPI；在公安、地铁、机场和海关等一些关键基础设施领域，WAPI 获得了广泛应用。在稳定的专利权护航下，相信西电捷通的 WAPI 专利技术将会得到更加广泛的应用和推广。

4. 通领科技诉公牛集团

2018 年 12 月，江苏通领科技有限公司（以下简称"通领科技"）在南京市中级人民法院指控公牛集团股份有限公司（以下简称"公牛集团"）侵犯其 2 项专利，并要求公牛集团支付 10 亿元左右的赔偿。

通领科技是专业生产漏电保护安全产品的外向型民企，公牛集团则是国内市场"插座一哥"。2004 年起，以美国莱伏顿公司为代表的多家竞争对手，为阻挠通领科技进入美国市场，先后发起了多场专利诉讼。3 个月的时间里，莱伏顿公司先后在美国 3 个州的 4 个不同联邦法院以同样的案由和权利要求将通领科技的 4 家美国经销商诉上法庭。

这是莱伏顿公司专利诉讼策略的第一招，采取将同一个专利、同一权利要求在 4 个不同联邦法院同时起诉的手段，增加 4 个法庭重复审理程序，提高诉讼成本，意图用巨额的费用使通领科技知难而退。

直至 2006 年 5 月 23 日，新墨西哥州联邦法院下达了 33 页由布朗宁法官签署的马克曼命令，判定通领科技胜诉。根据美国专利法规定，马克曼命令不可撤销，意味着通领科技在这场官司前打了一个漂亮的翻身仗，为后续在美国市场的发展赢得一席之地。

但这一次胜诉并未让美国企业停手，莱伏顿公司的同行美国帕西 & 西姆公司随后以侵犯其专利号为 US5594398、US7283340、US7212386 三个专利为由，向美国国际贸易委员会（ITC）提交"337 调查"请求。不久后，ITC 做出调查终裁决定，下达了由时任总统奥巴马签署的海关有限排除令。通领科技向美国联邦巡回上诉法院（CAFC）提出上诉，要求撤销 ITC 的判决。

一年后，CAFC 作出判决，撤销 ITC "337 调查"指控通领科技侵权的裁决，解除对其生产的 GFCI 产品（即接地故障电流漏电保护器）的海关有限排除令。

在海外维权多年终获胜诉的通领科技，于 2017 年准备拓展国内市场，却发现公牛集团的产品使用了通领科技的发明专利（专利号为 ZL201010297882.4）和实用新型专利（专利号为 ZL201020681902.3），涉嫌侵权。

彼时，公牛集团正在准备 IPO。从公牛集团的招股书中可以看出，2015—2017 年，该公司的营业收入分别为 44.5 亿元、53.6 亿元和 72.4 亿元，净利润分别为 10 亿元、14.1 亿元和 12.9 亿元。这也就意味着，此次诉讼中涉及的 10 亿元赔偿标的额，差不多是公牛集团一年的净利润。

随后，公牛集团针对通领科技的 2 件专利向原国家知识产权局专利复审委员会提出专利无效宣告请求。该案的审理焦点主要集中在如何理解权利要求所要求保护的技术方案以及新颖性和创造性的判断，包括技术启示的判断、技术效果的确定等。

原国家知识产权局专利复审委员会经审理认为，在该发明专利无效宣告请求案中，在证据 1 的基础上，结合本领域常规技术手段得出该权利要求 1 所请求保护的技术方案，对本领域技术人员来说是显而易见的，该权利要求 1 相对于证据 1 不具有突出的实质性特点和显著进步，因而不具备我国《专利法》第 22 条第 3 款规定的创造性。此外，该专利权利要求 2 ~ 7 也不具有创造性。据此，原国家知识产权局专利复审委员会作出宣告涉案发明专利权全部无效的审查决定。

在该实用新型专利无效宣告请求案中，原国家知识产权局专利复审委员会经审理认为，涉案实用新型专利权利要求 1 ~ 10 不具备创造性，作出宣告涉案实用新型专利权全部无效的审查决定。

如果专利维权基础不存在，专利侵权诉讼将何去何从？《最高人民法院关于审理侵犯专利权纠纷案件应用法律若干问题的解释（二）》第 2 条规定，权利人在专利侵权诉讼中主张的权利要求被相关部门宣告无效的，审理侵犯专利权纠纷案件的人民法院可以裁定驳回权利人基于该无效权利要求的起诉。有证据证明宣告上述权利要求无效的决定被生效的行政判决撤销的，权利人可以另行起诉。

通领科技诉公牛集团案件的标的额创造了国内的里程碑，但事实上专利价值的确定并不是完全依赖于一家企业的市场利润，而是建立在专利有效的基础上，这从根本上反映的是专利的稳定性。尽管部分发明专利或者实用新型专利能够在审查阶段获得国家知识产权局的授权，但其稳定性如何仍然有待考验。

提升专利申请的质量对于专利价值的实现具有至关重要的作用，影响到专利技术转化和运用。正如通领科技诉公牛集团案件涉及的两件专利，由于专利撰写和申请的质量不高导致好的技术无法得到专利的保护，从而使得技术的转化和运用面临着极大的市场困境，在可以独占市场的情况下，转变为品牌竞争和营销竞争，这对于可以申请专利的技术本身是一种战略失误。

二、专利质量与专利技术转化和运用的关系

1. 高质量专利护航专利技术转化和运用

企业作为一种市场行为的主体，对专利制度的运用更为贴近实际。一方面企业不会像高校一样追求专利申请的数量，因为企业并不存在科研成果考核的硬性标准，而是追求生产和经营的效益；另一方面企业会更多地考虑成本和现实性的问题。

尽管如此，我国企业在专利技术转化和运用方面仍然不够充分，这体现在我国企业的专利申请质量普遍不高。专利申请质量与专利权的稳定性密切相关，专利权的稳定性则关系到专利技术转化和运用是否能够得到真正的保障。

什么是高质量专利呢？经研究认为，对于权利要求书而言，应当在分析现有技术、确定最接近的现有技术的基础上，确定其要解决的技术问题，列出为解决该技术问题所必须包括的全部必要技术特征作为独立权利要求的技术特征，与最接近的现有技术相比较，将共同的必要技术特征写入前序部分，将发明区别于最接近的现有技术的特征写入特征部分，从而

构成独立权利要求。进一步分析其他技术特征，将其在产业上具有应用价值、对申请创造性起作用的技术特征写成相应的从属权利要求，逐层递进构建权利要求的体系，确保其保护范围的合理性。

对于说明书而言，所属领域技术人员已经具备的基础知识，可以不在说明书中详细说明；而对于凡是本领域技术人不能唯一从现有技术中直接得到的内容，均应当在说明书中作出清楚、明确的描述。对于技术领域，应写明要求保护的发明或实用新型技术方案所属或直接应用的具体技术领域。对于背景技术，应告知发明产生的基础，写明对发明的理解、检索、审查有用的现有技术，简要说明该现有技术的主要结构和原理，客观地指出其存在的主要问题。对于发明内容，应列明发明要解决的现有技术中存在的问题，发明专利申请公开的技术方案应当能够解决这些技术问题并取得有益效果，与现有技术相比，由该发明或者实用新型的技术方案直接带来的或者由所述的技术方案必然产生的技术效果。对于具体实施方式，其对充分公开、理解和再现发明及支持和理解权利要求来说十分重要，是事后修改的重要依据，应当详细描述申请人认为实现发明或者实用新型的优选的一个或多个具体实施方式，使所属技术领域的技术人员能够不需要付出创造性劳动即可实现该发明或者实用新型。

总的来说，只有在专利申请属于高质量专利申请的前提下，经过授权确权的专利才能够确保专利权利范围的边界清晰和稳定，从而确保专利技术有效地涵盖在权利要求保护范围之内，避免不应有的权利交叉和冲突，从而有效地保障专利技术的转化和运用。

2. 专利质量与专利市场价值的关系

国家知识产权局专利局专利审查协作广东中心（以下简称"审协广东中心"）于2017年开展了知识产权评估及价值分析推广项目的研究工作，并从法律、技术、经济三个层面设计了专利价值评估的指标体系。通常来说，专利文献属于法律文件，但是其实质上是对技术方案的描述。当将该专利技术运用到生产中时，它就具有经济属性，能够创造经济价值，因此，专利制度主要通过法律、技术、经济三个方面对产业发展带来影响，专利价值与法律、技术、经济也有着密不可分的关系。因此，根据审协广东中心知识产权评估及价值分析推广项目的研究成果，将评价指标分为技术、法律、经济三个一级指标，并在一级指标下再细分多个二级指标来对专利价值进行评价。

（1）法律指标的设计方法。

虽然每项专利的授予都必须由专门的审查员根据专利法的有关规定，遵循严格的审查程序对其进行判定，但任何建立了专利制度的国家都难以避免其授予的专利权存在不符合相关法律的有关规定、不应当授予专利权的情形。因此，每项专利权被授予时，不仅要求其本身的专利技术具有较强的实质上的可专利性，而且大部分国家还对被授予后的专利权提供了一种救济机制，即一旦认定某项专利权的授予不符合相关法律的有关规定，便可宣告该项专利权归于无效，而且被宣告无效的专利被认为"自始不存在"。且一经授权的专利，在无效过程中修改方式十分有限，稳定性在专利权确定之时就已经固化，因此稳定性是专利权的固有属性，其对价值存在有决定性的影响。

从应用因素出发，专利权的权利要求明确了专利权人享有垄断权利的范围，在使用过程中首先考虑的是本专利权的覆盖范围能否给竞争对手设置恰当的壁垒，通常某项权利要求所记载的技术特征越少，表达所使用的措辞越"上位"，相应的权利要求所确定的保护范围就越大，越不容易被其他竞争对手避开。否则，一旦权利要求中加入非必要技术特征，其他竞争对手无须付出太多创造性劳动即可实现类似效果，这将造成专利权的价值大打折扣。另外，专利权如果不能对侵权行为进行有效打击，则专利权的价值难以保障。从理论上而言，侵权范围越宽泛，侵权越容易被认定。但是在实际操作中发现，侵权不仅仅是范围大小的简单认定，而且是技术特征认定方式的集合。业内公认专利诉讼获得赔偿或者打击竞争对手获取市场份额是体现专利价值最直接有效的手段，因此侵权可判定性是专利在应用过程中必须考虑的重要因素。

如果一项专利实施起来受到许多共生技术所对应的专利权限制，需要获得多个在先专利的许可才可实施，则该专利的依赖性较强，增加了专利权人在实施该专利时的侵权风险，故降低了该专利的法律价值度。

既然专利作为一种垄断权，其不可避免地要考虑在实施过程中的垄断年限，也就是专利寿命。根据绝大多数国家的专利以及与知识产权相关的国际公约的规定，专利技术的最长法定保护期限一般为 20 年，一旦到期，法律将不再保护该项专利技术的独占权，所以专利寿命也是分析专利价值必不可少的一个因素。

专利权具有明显的地域性，各国法律制度以及费用不尽相同。因为申请跨国专利的成本较高，故通常情况下专利权人只有在认为该专利很重要时，才会就同一技术方案在多国提交专利申请，从侧面反映专利的价值度。

（2）技术指标的设计方法。

技术固有属性即技术内在特征，内在特征表现为专利技术在所属领域所处水平，即该技术的先进程度。因此，从固有属性出发，将其进一步细分为先进性，具体而言，即该专利技术对所属领域的贡献大小、技术思路是否新颖、专利技术主要性能是否有优势，是决定技术先进性的三个重要方面。对应于上述三个部分，分别设置创新高度、技术问题、技术效果三个三级指标与其相对应。创新高度从技术专家角度，对整个技术贡献进行判断；技术问题和技术效果则从技术方案角度进行判断，从而保证先进性指标的客观性和可操作性。

应用因素即与技术使用相关的要素。一般而言，共生性特征在技术体系中是十分明显的，技术的相互替代情况十分常见。而专利技术从使用的情况来看，是否存在替代技术是进行专利技术战略选择的首要考虑因素。从应用因素考虑，首先需要设置可替代性为二级指标。

一项技术不可能脱离其使用领域，因而在使用过程中必然涉及其使用范围；技术需要再现才能有实际价值，其在实际再现过程中，实施难度以及相应的完善程度，都是在评价技术应用因素时必须要考虑的因素。鉴于上述考虑，进一步设置相应的二级指标，即适用范围、实施难度以及代表技术完善程度的成熟度。

（3）经济指标的设计方法。

经济价值度是从市场经济效益的角度出发来评价一项专利的价值，设置经济价值度指标既要从宏观角度考虑专利的市场收益，又要从微观角度考虑不同行业对专利经济价值度的影响；既要有"量"的指标，用于评价专利的总体实力情况，又要有"率"的指标，用来评价专利的相对强度情况；既要有定性的指标，又要有定量的指标。宏观和微观、定性和定量、"量"和"率"有机结合，形成更为科学的专利综合评价指标体系。

经过归纳和筛选，我们把影响经济价值度的指标确定为以下三种：市场规模、市场占有率和竞争情况。此外还包括参考指标和警示指标：参考指标包括是否为标准必要专利，警示指标包括市场准入门槛和政策适应性。市场规模与该项专利的市场情况有关，从宏观上直接反映出该项专利的市场收益，同时也是一个"量"的指标，直观上反映出该项专利技术的总体实力情况。而市场占有率是一个"率"的指标，这也是在分析一项专利的经济价值度时不可缺少的一项重要指标。通过分析专利的市场占有率可以评价该项专利在市场上可能占有的份额，也同时反映出该项专利在同领域中的竞争强度，市场占有率越高，该项专利的竞争强度也越大，经济价值度必然越高。而竞争情况则是从微观行业的角度描述了该项专利的经济价值度，通过分析不同行业的相关竞争者的实力可以定性地反映出该项专利在该行业中的应用前景。专利在其行业领域中竞争实力越强，则其应用前景越广泛，经济价值度越高。以上三个指标既有"量"的指标，又有"率"的指标；既有从宏观角度评价的指标，又有从微观角度评估的指标；既有定量的指标，又有定性的指标，从而全面而客观地对一项专利的经济价值度进行评价。

警示指标和参考指标则分别从宏观政策角度和微观行业角度对该项专利的经济价值度作出参考或提醒。首先，是否为标准必要专利是通信和药物领域独有的参考指标；其次，市场准入门槛也是针对不同行业所制定的评价指标，用于判断在利用该项专利技术进行生产经营时是否存在相应的必须具备的条件和标准；另外，政策适应性则是从宏观国家政策的角度来判断该项专利是否符合国家与地方政策的相关规定，是否为政策明令禁止或有损公共利益的技术。上述三个指标均不计入评分，只有在专利技术可能存在潜在的政策性风险或较高的、较特殊的市场准入门槛时，才给出相应的警示或提醒。

基于以上的理论和分析拟定专利价值度（PVD）的三个维度划分及计算方法，如图3-6所示。

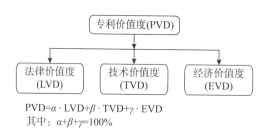

图 3-6　专利价值度

　　该课题得到了广东省知识产权局的高度认可，并在应用指标体系评价专利价值的过程中得到了专利权人的认同。专利文件的法律价值和技术价值本身是专利质量的体现，而经济价值则是市场价值的含义。因此，可以说对于一项专利技术而言，专利质量和市场价值是密切相关、相辅相成的。如果一件专利的质量很差，会导致专利技术的市场价值降低，从法律、技术、经济三个一级指标的权重分析，法律和技术是基础指标，经济则是加成指标。基础打得越牢，专利技术的市场应用前景则能够得到越充分的发挥；相反，基础越薄弱，专利技术的市场应用性则越差。极端情况下，如果一项专利的法律价值度或者技术价值度趋近于零，其也就几乎没有经济价值可言。

第三节　国内企业科技成果转化中的专利布局

一、专利布局的介入时机

　　目前，国内绝大部分企业专利技术的转化依靠自身的条件予以实现，依托企业供应链实现研发和产业化，并推向市场。在这种情况下，专利的布局与转化完全由企业自身掌握，企业具有非常充分的决策空间和时间。如果考虑延长专利技术的寿命，可以在确保专利可授权的前提下，尽可能地延迟申请，最迟可以推迟到产品市场化（即可以确认公开）以前。

　　然而，仍然存在一部分企业的专利技术的转化和运用需要委托或者以分包的形式予以实现。这种情况下，专利的布局与转化则存在多方共同参与的不可控制性。技术资料存在流转和泄露的风险。专利布局的介入时机应当适当提前，可以在无法确保技术的保密性之前提出申请。

总的来说，对于企业而言，专利布局的介入时机可以具有很充分的决策空间和时间，并且能够与专利技术的转化和运用密切配合，在保障专利申请前技术资料的安全性的前提下，能够充分利用专利制度，延长专利技术的实际寿命。

二、专利布局的深度和广度

在专利布局的深度和广度方面，企业、高校和科研院所之间有着一定的近似性。很多时候，国内企业对于一项技术就只有一件专利，保护范围有时还很有限。客观上讲，任何一项技术仅有一件专利保护是远远不够的。特别是对于企业而言，大部分企业的研发和创新的高度有限，与其他创新主体的技术的类似性以及交叉程度较高，因此，更应当设置核心专利和外围专利。核心专利追求更为合理的保护范围，外围专利不断夯实专利的边界，从而兼顾专利布局的深度和广度。从布局的策略上讲，可以按照以下的思路进行。

找出关键部位：在技术分析的基础上，根据发明的目的、技术手段和效果对专利进行深层剖析，然后依据各相关技术的发明点和效果，形成明确的鸟瞰图、技术功效图等，找到最核心的技术部位。

找出关键技术关联组合：在找到核心部位后，根据拟定的核心部位找出相互关联的技术组，针对技术组形成关键核心专利，甚至是多个关联的专利，形成基础核心专利群。

拟定布局方案：综合考虑企业经营策略和状况，制定合理的布局方案，根据实际情况进行调整。例如，化学医药领域的链式布局，通信计算机领域的全面布局等。在合理利用专利制度的基础上，最大化地追求企业的权属利益，将核心技术纳入专利布局范围内的多件专利的保护范围之内，确保专利保护的可实现性，并综合企业的实际情况确定专利申请的数量和时间长度等。

　　只有在兼顾专利布局的深度和广度的核心专利和外围专利的共同保护下，专利技术的转化和运用才能够将风险降到最低，从而提高企业专利的整体价值，提升企业市场竞争力，最大限度地发挥专利在竞争中的作用，引导研发方向，促进理性研发和理性申请，节约成本，构建合理的专利保护网，避免零散和杂乱的点式布局。

第四章

国外专利转化和运用
典型案例分析

国外企业，特别是行业的龙头企业，在专利战略的制定和实施方面具有丰富的经验。在我国专利制度实践的过程中，特别是早些年，我国创新主体深刻体会到由于专利保护意识匮乏，很多核心技术没有申请专利就先行公开，导致被国外的创新主体利用专利战略进行限制。

专利制度建立以来，我国在专利保护方面取得了长足的进步。我国已经是知识产权大国，但要成为知识产权强国还要继续努力，这其中很重要的一个方面就是加强我国的专利转化和运用。

现今的知识产权强国已经过上百年专利制度的实践，可以说专利意识早已深入人心，创新主体的专利战略和实施也较为成熟。我们有必要深入分析和借鉴国外企业的专利转化和运用的成功案例。

本章将从专利战略得当确保专利技术生命周期、专利与商业秘密并用确保市场占有率和国外企业科技成果转化中的专利布局三个方面深入分析国外企业的专利战略如何确保专利技术的生命力，以及适当地选择专利与商业秘密对核心技术进行保护，并探讨国外企业如何进行专利布局。

第一节 专利战略得当确保专利技术生命周期

一、典型案例与分析

1. 阿司匹林

阿司匹林的化学名是乙酰水杨酸（结构式见图 4 - 1），被应用于多个医疗领域。数个世纪前，其主要成分是从柳树皮中提取出来的。最早应用柳树皮治疗的历史可以追溯到公元前 500 年。那时，中国的医生们应用柳树皮治疗多种疾病。另外，古希腊医师希波克拉底也曾让患者咀嚼柳树皮来给患者降温和缓解疼痛。

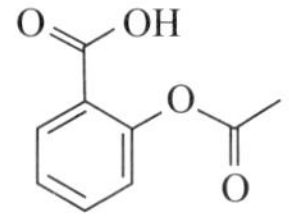

图 4-1 乙酰水杨酸

在拜耳公司工作的化学家费利克斯·霍夫曼简化了水杨酸乙酰化的方法，并将这样制得的乙酰水杨酸成功地用于治疗他父亲的慢性关节炎。乙酰水杨酸不仅能够减轻关节炎疼痛，而且味道较好，对胃刺激也较小。1899 年，拜耳公司以"阿司匹林"为名为此药申请发明专利。拜耳为阿司匹林申请专利时，也获得了美国境内 17 年间对全部乙酰水杨酸生产的合法控制权。拜耳公司取得阿司匹林的专利权，并将这种治疗疼痛的粉末命名为阿司匹林，批量生产推广到市场。1917 年 2 月，阿司匹林专利权到期，加上第一次世界大战的因素，拜耳公司在很多国家都失去了专利权。1917 年，美国政府强制征收了拜耳公司在美国的资产。到第二次世界大战后，拜耳公司在美国才又成为一家独立的公司。1923 年，阿司匹林用来治疗头痛；1933 年，阿司匹林用来治疗关节炎。1948 年，Dr. Lawrence Graven 发现服用阿司匹林的患者患心脏疾病的概率降低，因此，他建议他的患者和同事每天服用一片阿司匹林来降低患心脏病的风险。其研发过程并不是由拜耳公司主导的，但是阿司匹林对心脏病的预防在学术上被证明、临床试验也由政府机构完成之后，拜耳公司很快开始介入，并取得了专利权（DE1123327A），将这种药品的影响力尽可能地扩大。1952 年，阿司匹林的儿童咀嚼片问世。1969 年，为缓解宇航员长期不活动造成的肌肉疼痛，阿司匹林随阿波罗登月计划登上了月球。

1993 年，拜耳公司的阿司匹林肠溶片上市。肠溶片在阿司匹林外加了一层包衣，这种药片在胃部不溶解，直到肠道才发生作用，对应专利号为 US19910702504A。2003 年，拜耳公司的阿司匹林粒状产品面世。2007 年前后，拜耳公司对于阿司匹林在心脏病方面应用的所有专利权已经到期，此时发表在美国《柳叶刀》杂志的研究显示阿司匹林在治疗结肠癌方面的新的应用，拜耳公司马上申请了系列专利 DE102004012365A1。2008 年，拜耳公司推出两种非处方药，分别为阿司匹林加植物甾醇和阿司匹林加钙，两种新的阿司匹林非处方药物可以降低心脏疾病风险（WO2010049078A1）和女性骨质疏松症（WO2011152875A1）①②③。

阿司匹林案例是产品类发明专利技术转化与运用中的典型代表，对于产品类的发明，其申请保护的期限一般是 20 年，特别是对于一个具体的产品类发明专利，20 年保护期限到期之后其将为公众所免费使用。

如何能够延长技术的使用寿命，是每一个发明家都会遇到的难题。一方面，鉴于具体的产品生产技术本身较为容易被反向工程破解，因此，商业秘密的保护形式将会面临巨大的风险；另一方面，一旦申请专利就意味着过了保护期限后，专利技术将为公众所免费使用，权利人将丧失其独占权。

从拜耳公司的阿司匹林案件中可以看出，阿司匹林在早期用于治疗疼痛、炎症的专利权到期后，阿司匹林对心脏病的预防在学术上被证明，拜耳很快开始介入并取得了专利权（DE1123327A），并将这种药品的影响力尽可能地扩大。这是典型的产品的第二用途发明，将物质的应用前景最大化的扩展。

之后，拜耳公司通过阿司匹林加维生素 C 的泡腾片、阿司匹林肠溶片、阿司匹林粒状产品等组合物发明不断延续着阿司匹林技术的生命力。众所周知，物质的使用一般不是单一的，而是以组合物的形式进行应用，这也就催生了一种专利布局的方法：通过组合物从实质上延长专利技术的寿命，在化合物专利到期之后，通过组合物发明继续涵盖实际的产品。拜耳公司在这一策略上面取得了成功。

不仅如此，在 2007 年前后，美国《柳叶刀》杂志的研究显示了阿司匹林在治疗结肠癌方面的新的应用。拜耳马上申请了系列专利（DE102004012365A1），这是惊人的阿司匹林的第三用途的发明，一种物质同时具有三种不同类型的医药用途是极为罕见的。这反映出拜耳公司在专利技术转化和运用方面灵敏的嗅觉，以及合理地延长专利技术寿命的策略。

---

① Graham Starmer. 阿司匹林的历史及其作用方式 [J]. 药学情报通讯，1984（01）：29.

② 柳剑，蒋毅，周乙雄. 阿司匹林的历史及其在骨科抗凝治疗中的应用争论 [J]. 中华关节外科杂志，2014，8（2）：253.

③ 董新蕊. 专利三十六计 [M]. 北京：知识产权出版社，2015：125 – 126.

2. 西地那非

1998 年，美国和欧洲的食品药品监管部门（FDA 和 EFSA）批准了西地那非（Viagra，结构式见图 4 - 2）上市治疗勃起功能障碍（ED），在全球范围内引起了轰动。西地那非临床研究结果发表于顶级医学杂志《新英格兰医学杂志》。

辉瑞公司作为全球知名的十大制药公司之一，西地那非的作用功不可没。1998 年西地那非登陆 40 几个国家，当年辉瑞公司的营收就达到了 232 亿美元。

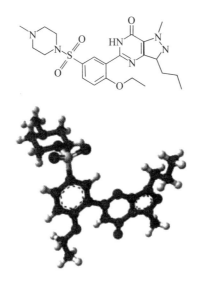

图 4 - 2　西地那非

西地那非的专利是第二医药用途专利的典型代表。第二医药用途发明专利是指将已经用于治疗某种疾病的物质用于治疗另外的不同疾病。虽然各国法律都普遍承认第二医药用途专利的可专利性，但是由于第二医药用途专利是建立在对已知第一医药用途的化合物的第二医药用途上的，因此，其专利的保护方式以方法权利要求为主，创造性的要求更高。

在西地那非拥有广阔的市场前景的情况下，辉瑞公司的专利也受到了挑战。2001 年，中国国家知识产权局公告并授予"万艾可"发明专利权（专利保护期自 1994 年起至 2014 年止）。就在同年，国内 12 家制药企业和一个自然人联名向原国家知识产权局专利复审委员会提出宣告"万艾可"

专利无效的请求。随后原国家知识产权局专利复审委员会开始对该项专利进行复审，并于 2004 年 6 月 28 日以"专利说明书公开不充分"为由宣告辉瑞公司"万艾可"专利无效（参见第 6228 号决定）。决定要点如下：

1. 专利法第 26 条第 3 款中所称的"说明书应当对发明作出清楚、完整的说明"，是指说明书应当对权利要求书中要求保护的技术方案作出清楚、完整的说明。

2. 根据该条款的规定，说明书应当充分公开要求保护的技术方案，即所属领域技术人员根据说明书记载的技术内容，结合现有技术知识，无需付出创造性劳动就能够实现所要求保护的技术方案。

对于已知化合物的第二医药用途发明而言，如果所属领域技术人员根据说明书记载的技术内容并结合现有技术知识，依然需要花费创造性劳动方可确信所述已知化合物具有所述第二医药用途，则不能认为该说明书对于权利要求书中要求保护的技术方案的公开是充分的。

3. 在说明书中没有记载、仅由申请人或者专利权人掌握的不属于现有技术的技术资料，不能用于证明要求保护的技术方案已充分公开。

辉瑞公司对决定不服。2005 年 3 月 31 日，北京市第一中级人民法院知识产权庭首次开庭审理此案。2006 年 6 月 2 日，法院依据《专利法》第 26 条第 3 款认定，根据"万艾可"专利说明书已经附有的实验数据，一般技术人员"无需花费创造性劳动"即可实现，原国家知识产权局专利复审委员会"认定事实有误，适用法律错误，应予撤销"。2007 年 10 月 27 日，北京市高级人民法院维持了一审判决，这场历经 3 年的诉讼以辉瑞公司的胜利告终。

最终维持有效的权利要求 1 如下[①]：

1.5－［2－乙氧基－5－（4－甲基－1－哌嗪基磺酰基）苯基］－1－甲基－3－正丙基－1，6－二氢－7H－吡唑并［4，3－d］嘧啶－7－酮或其药学上可接受的盐或含有它们中任何一种的药物组合物在制造药物中的用途，该药物用于治疗或预防包括人在内的雄性动物勃起机能障碍。

---

① 辉瑞公司研究及发展公司. 用于治疗阳痿的吡唑并嘧啶酮类：94192386. X［P］. 2001 － 09 － 19.

该专利实质上是 CN1028758C 以及 CN1034503C 两项专利的衍生专利，通过第二用途的方式予以保护。虽然该专利受到了巨大的挑战，但最终有惊无险地走完了单一专利的全生命周期，应该说专利申请的策略是非常成功的，一方面确保了专利权的稳定性，另一方面又适当地延长了专利技术的保护期。

第二医药用途的保护是逐渐兴起的一种全新的专利战略，是否应用以及如何应用第二医药用途专利申请策略是一个难点。首先，在一种药物已经具备某种医疗活性的情况下，发现第二医药用途非常困难；其次，即使发现了第二医药用途，它究竟是在现有技术基础上可以预期的相近的用途，还是如西地那非一样差异很大的第二医药用途，也是要考虑的。假设发明人经过大量的实验发现了差异很大的第二医药用途，那么可以考虑选择第二医药用途专利申请策略，延长专利技术的保护期，以如上所述的瑞士型权利要求进行撰写和申请，同时在专利说明书中适当披露涉及第二医药用途的药物活性数据。

第二医药用途专利技术的转化和运用同样存在一些难点，特别是在第一医药用途相关产品和方法专利已经过了保护期的情况下，第二医药用途专利技术的转化和运用如何能够得到切实的保障，一直以来都是争议的焦点。其根本原因在于如果第一医药用途相关产品和方法专利已经过了保护期，就意味着任何人都可以免费使用该产品以及相关的为公众免费使用的医药用途。此时，如何避免使用者在未经专利权人许可的情况下利用已知的产品进行第二医药用途相关的治疗，特别是如何防止医药生产厂家刻意地指导消费者进行第二医药用途相关的治疗是一个难题。

经研究认为，第二医药用途专利技术的转化和运用的关键还在于药品上市说明书的合理使用，由于第一医药用途相关产品和方法专利已经过了保护期，制备和销售相关药品的厂家在药品说明书中应当明确限定治疗病症以及使用剂量，不得以任何理由，诱导消费者使用该药品用于第二医药用途，否则将会使第二医药用途专利的转化和运用失去其价值。

3. 苹果公司

2017 年 9 月，高通公司在北京知识产权法院对苹果公司提起诉讼，称苹果公司侵犯高通公司的三件与电源管理和 Force Touch 触屏技术相关的专利，并要求禁售相关的 iPhone 产品。

2018 年 12 月 10 日，高通公司宣布，福州市中级人民法院授予了高通公司针对苹果公司四家中国子公司提出的两个诉中临时禁令，要求他们立即停止针对高通公司两项专利（包括在中国进口、销售和许诺销售未经授权的产品）的侵权行为。相关产品包括 iPhone 6S、iPhone 6S Plus、iPhone 7、iPhone 7 Plus、iPhone 8、iPhone 8 Plus 和 iPhone X。

2018 年 12 月 11 日，苹果公司提出上诉，希望推翻 iPhone 在中国的销售禁令。

2018 年 12 月 13 日，苹果公司三个子公司拒绝签收法院裁定书，导致裁定书退回，高通公司已经向中国法院提交了强制执行（禁售）申请。

2018 年 12 月 15 日，福州市中级人民法院判决立即禁止苹果公司四家子公司在中国进口、销售和发售多款 iPhone 产品。这个禁令源于高通公司向苹果公司提出的法律诉讼，其内容是所属高通公司的两项专利技术未经授权在多款 iPhone 产品中使用并且售卖。

2019 年 3 月 16 日，高通公司宣布，美国加州南区地方法院陪审团裁定苹果公司侵犯高通公司三项专利，支付 3100 万美元的赔偿款用于补偿侵犯其技术带来的损失。

此案所涉专利使消费者能够调整和重设照片的大小和外观，以及在手机上浏览、寻找和退出应用时通过触摸屏对应用进行管理。

美国时间 2019 年 4 月 16 日，苹果公司与高通公司达成和解协议，双方撤销在全球范围内的法律诉讼。根据双方对外公开的新闻稿称，和解协议中包含苹果公司向高通公司支付一笔金额不详的款项。双方称将继续合作，同时公布了为期 6 年的新授权协议，而且可以选择延长两年，同时还包括一项为期数年的芯片组供应协议。

2011 年 4 月 15 日，苹果公司在美国针对三星公司提起诉讼，称三星公司侵犯了苹果公司的专利权，向三星公司索赔 25 亿美元，并要求停止销售其平板电脑产品。

2011 年 4 月 21 日，三星公司在韩国、日本和德国起诉苹果公司，称苹果公司侵犯其专利权。

2011 年 6 月 28 日，三星公司向美国国际贸易委员会（ITC）起诉苹果公司。

2011 年 8 月 4 日，苹果公司向德国杜塞尔多夫地区法院申请初步禁令，希望禁止三星公司对某些产品的销售。

2011 年 8 月 9 日，杜塞尔多夫地区法院发布了初步禁令，禁止三星公司销售某些型号的 Galaxy Tab 平板电脑。这一初步禁令称，三星公司的产品涉嫌侵犯苹果公司的一项专利。2011 年 9 月 9 日，杜塞尔多夫地区法院维持 8 月份发布的对三星公司的初步禁令，从而禁止三星公司在德国销售某些型号的平板电脑。三星公司对这一禁令提出申诉。

2011 年 9 月 26 日，苹果公司在澳大利亚对三星公司提起多项专利诉讼。其中 3 起诉讼涉及触摸屏技术，苹果公司请求法庭发出禁令，从 9 月 30 日开始禁止三星公司在澳大利亚销售 10.1 英寸 Galaxy Tab 平板电脑。

2011 年 10 月 13 日，澳大利亚一名法官维持对三星公司 10.1 英寸 Galaxy Tab 平板电脑的临时禁令。法官安娜贝尔·贝内特（Annabelle Bennett）判决称，如果使用了触摸屏技术，那么三星公司的产品不得在澳大利亚销售。苹果公司认为三星公司的触摸屏技术侵犯了该公司专利。

2012 年 8 月，美国加州圣何塞法院就苹果公司诉三星公司专利侵权一案做出判决。陪审团裁定，三星公司故意侵犯苹果公司多项专利，应向苹果公司支付 10.51 亿美元损失补偿。而苹果公司未侵犯三星公司任何专利。

陪审团指出，三星公司侵犯了苹果公司所谓"旋扭缩放"，即展开手指放大屏幕显示内容的专利，以及苹果公司的"弹回"专利，即当用户向屏幕边缘移动手指，图像会弹回的方法。

2012 年 12 月 7 日，苹果公司与三星公司在圣何塞联邦法庭再次开庭，以重新审理这场双方各具高风险的法律诉讼，争议的焦点在于是否依据 10.51 亿美元赔偿金额判赔。

三星公司要求法院裁定陪审团 10.51 亿美元的专利侵权罚款判决无效，苹果公司方面则要求法院禁止三星公司在美销售部分型号的智能手机，包括 Galaxy S 4G、Galaxy S 2 和 Droid Charge。

2018 年 5 月，美国陪审团重新审理此案，并达成一致裁决，将赔付金额改为 5.386 亿美元。

2018 年 6 月 26 日，美国加州北部地区法庭公布的法律文书显示，两家手机制造商已就专利诉讼达成和解。早在 2014 年 8 月 6 日，双方也就美国以外所发起的专利诉讼达成了和解。

上述专利案是近 10 年来苹果公司专利诉讼案件的典型代表。苹果公司作为主营电子科技产品的生产商，随着 iPhone 和 iPad 产品的全球热销，取得了很高的声誉和巨大的经济利益，两款产品搭载的 iOS 系统相较于类似的 Android 系统也具有一定的优势。在密集的专利布局下，苹果公司将专利和产业的发展紧密地结合在一起，iPhone 和 iPad 产品专利技术的转化得到了保护。对于生产销售型的企业而言，应充分利用专利制度，将研发成果转化为专利，再在专利的保护下，将技术推广。因此，手握核心专利，一旦发现市场上出现威胁其市场地位的产品，可以通过专利诉讼的方式围剿竞争对手。苹果公司技术领先，在手机通信领域，其创新研发能力很强，技术竞合度高，属于专利密集型产业。但苹果公司也存在专利技术交叉、保护范围重叠的问题。很多时候其专利技术也落在竞争对手的保护范围之内，就如同高通公司诉苹果公司案中，苹果公司作为被告，也存在侵权行为。

无独有偶，无论苹果公司是作为原告还是被告，两件专利诉讼案件最后均通过和解划上了句号。从这两个案件中可以看出，无论是高通公司、苹果公司还是三星公司，均通过密集的专利布局策略，护航产品的市场转化行为。但无论如何，在全球的竞争格局下，手机及相关产品难以彻底摆脱侵权行为。因此，以诉讼作为手段，争取和竞争对手的谈判筹码，最后的目的是获得有利于己方的生产合作或者专利交叉许可等，这也是全球专利密集型产业领域的共有特点。专利技术转化和运用要伴随侵权诉讼以及商业谈判，从而在企业落地专利技术的基础上，最大化地释放专利技术的价值。

4. 奥美拉唑

阿斯利康（AstraZeneca）是全球知名的十大制药公司之一，由前瑞典阿斯特拉公司和前英国捷利康公司于 1999 年合并而成。奥美拉唑（Omeprazole，商品名为洛赛克，Losec）为首个上市的质子泵抑制剂，其最佳年销售额高达 67 亿美元。奥美拉唑由阿斯利康的前身于 1966 年投入研究，1988 年在瑞典首次上市，1989 年在美国上市。有关奥美拉唑原料药的美国专利于 2001 年 10 月期限届满。阿斯利康在发现奥美拉唑具有相应药物活性的基础上申请了化合物专利后，并没有局限于化合物专利本身，而是充分地利用专利战略，从化合物的衍生物、药物制剂组合物、药物晶体、制药用途、第二用途、联合给药等方面，采用了链式布局的方式，始终将最核心的专利产品纳入专利权保护之下，持续时间长达几十年。

阿斯利康公司对于奥美拉唑的专利布局策略如图 4-3 所示①。

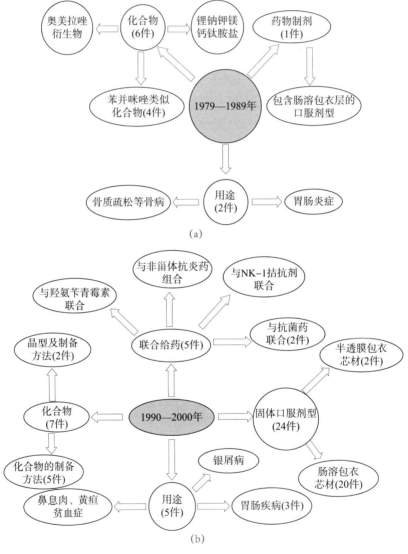

(a)

(b)

图 4-3　奥美拉唑专利布局

---

①　严华，邓声菊，刘文霞. 探析阿斯利康针对奥美拉唑的专利布局策略［J］. 中国新药杂志，2017，26（14）：1601.

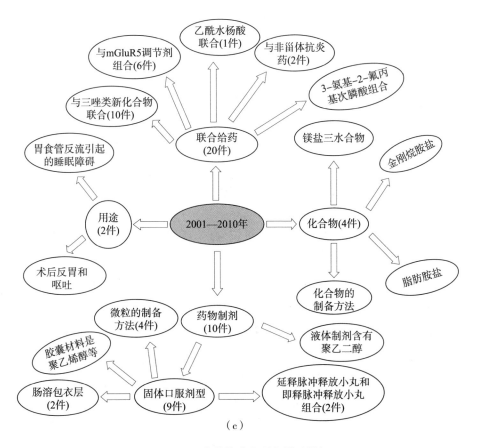

（c）

图4-3 奥美拉唑专利布局（续）

　　总体而言，阿斯利康对奥美拉唑产品的专利布局是非常完善的，并且也正基于此，对奥美拉唑产品的市场转化起到了非常好的保护作用，延迟了专利悬崖的出现，从而最大化地发挥了奥美拉唑专利技术的价值。

　　深入研究阿斯利康关于奥美拉唑的专利布局，从药品上市的角度分析，其最核心的技术是化合物结构，这也是药品发挥作用的最重要的成分。因此，奥美拉唑的专利保护起步于化合物核心专利，但应当注意到的是，化合物的保护有其特殊性，一般应当首先保护通式化合物，将核心化合物圈定进来，进一步通过选择发明的形式将核心化合物以具体化合物或者小通式保护起来，这样可以延长化合物部分的保护期限，在后续可以进一步通过制备方法和化合物中间体，从化合物制备的过程予以封锁，从而再延长保护期限。此外，还可以通过药物组合物、制剂剂型、晶体、第二用途发明、联合给药等方式，不断优化核心产品，从而在原研药的专利到期后，仍然能够保障实际营销产品的市场竞争力，以获得足够有效的专利保护，从而最大化地发挥专利的核心价值，促进专利技术的转化和运用。

二、专利战略与专利技术转化和运用的关系

知识产权相关的管理者和决策者应该从更加宏观的角度把握专利，充分发挥专利的战略价值。每一件专利应当像一颗棋子一样，专利与专利之间相互关联形成专利组合，一方面可以确保专利技术得到应有的保护，一方面也足以御敌于千里之外。

国外企业，特别是行业的龙头企业，在专利战略的制定和实施方面具有丰富的经验。在这一方面，我国企业相关的管理者和决策者还亟须学习和提高。例如前文所述拜耳公司有效地利用系列申请，从化合物、组合物、制药用途等方面不断延长保护期限；辉瑞公司更是准确把握了市场脉搏，以第二医药用途权利要求打下了一片江山；苹果公司则是利用密集专利布局的策略，护航产品的市场转化，并充分利用专利诉讼达成实际目的。

从根本上讲，专利战略是更为宏观的概念，专利管理和决策的方方面面都属于专利战略的范畴。因此可以说，专利战略的恰当与否体现了专利管理和决策的艺术性。专利本身既是矛，又是盾；既有进攻性，又有防御性。在进攻方面，专利可以作为一种武器，禁止别人的侵权行为，同样可以作为许可授权转让的基础；在防守方面，专利可以护航专利技术的转化和运用，面对诉讼情况可以作为谈判的筹码。专利战略是企业在专利制度规则下博弈而形成的，不能只从静态的视角探讨什么是最合适的专利战略，而应该从动态博弈的视角分析企业间的相对竞争态势和战略选择。例如，考虑被模仿者与模仿者之间博弈的情况，创新主体发明技术后可以选择以专利或技术秘密的形式保护创新，也可以控制信息公开和利用的方式和强度。总而言之，专利战略内化于专利技术转化和运用的全流程中，需要从宏观的层面全面统筹专利技术转化和运用的实际进程。

第二节 专利与商业秘密并用确保市场占有率

一、典型案例与分析

1. 可口可乐配方

1886 年，美国亚特兰大市的药剂师约翰·潘伯顿将碳酸水、糖及其他原料混合在一起，无意中创造了后来风靡全球的软饮料。后来，一个叫作弗兰克·梅森·罗宾逊的人从这种新糖浆的两种原料，古柯（koca）和可乐（cola）的名称上得到启发，为这种饮料命名。为了字母书写得一致，他把 kola 的字母 k 改写成 c，中间用连字符相连，这就是可口可乐（coca‐cola）。可口可乐能够长盛不衰，很大一部分原因在于它的神秘配方。

20 世纪 70 年代中期，可口可乐公司变成动作迟缓的巨人，当这个巨人蹒跚难行之际，百事可乐正走向胜利。由迈克尔·杰克逊这一极富影响力的广告明星所产生的强有力的广告效应，使市场分配逐渐向百事可乐倾斜。可口可乐在 1981 年到 1984 年市场份额竟下降了近 4 个百分点。可口可乐技术部门在 1984 年下半年拿出了全新口感的样品，新饮料采用了含糖量更高的谷物糖浆，更甜、气泡更少、柔和且略带胶黏感。

在接下来的大规模的口味测试中，品尝者对新可口可乐的满意度超过了百事可乐。调查人员认为，新配方的可口可乐至少可以将市场占有率提升一个百分点，即增加 2 亿美元的销售额。正是这次耗资巨大的测试，促使可口可乐下决心推陈出新，应对百事可乐的挑战。1985 年 4 月 23 日，可口可乐在纽约市林肯中心举行了盛大的新闻发布会，主题为"公司百年历史中最有意义的饮料营销新动向"。24 小时之内，81% 的美国公众知道了这一改变，其速度比新美国总统当选的消息传播速度还快。人们的反应相当强烈，在新可口可乐产品发布会举行后的 5 天内，可口可乐公司每天都会收到 1500 多个投诉电话和成袋的来自愤怒的消费者的信件。1985 年 7 月 10 日，美国广播公司打断了日间正在播出的电视节目，插播了一条特别的新闻，报送了可口可乐公司将重新使用原先可口可乐配方的消息。可口可乐公司再一次举行了记者招待会，公司的高层们公开向美国及全世界人民道歉，并宣布公司将重新启用旧的可口可乐配方，生产原味的可口可乐。1985 年下半年，重新启用旧配方的可口可乐销量增加了 10%，利润增长了 9%。随后的几年，可口可乐的市场占有率持续稳定提高。到 1988 年，它在美国国内市场占有率是 40%，而百事可乐占 31%①。

可口可乐公司的成功当然离不开它成功的营销策略，但很重要的一个方面在于商业秘密策略的合理使用。可口可乐主要配料是公开的，这是饮料包装的一般要求，包装上见到其主要的配料表，包括糖、碳酸水、焦糖、磷酸、咖啡因等，但是据悉，其核心技术是在可口可乐中占不到 1% 的神秘配料 7X。

虽然 7X 究竟是什么我们不能知晓，但从可口可乐公司商业秘密的运用策略来看是成功的。经检索，可口可乐公司在全球范围内最早的 30 件专利（DE528156，US1840612，US1797451，CA4705，CA325143，CA304779，GB338960，US2132447，US2106185，ES4672，CA346354，US2050590，US1874571，CA363493，CA314815，US1840613，FR681813，GB359814，CA304778，US2077430，US2112448，CA367457，CA321044，FR709719，GB467584，CA362583，FR681764，US1650600，CA323257，GB338959）大部分是涉及灌装设备、冷却设备、自动贩卖设备、容器、传输设备等。

可见，可口可乐公司在 20 世纪 20~30 年代对于专利制度的理解和运用就已经达到了相当高的水准。对于设备类的专利技术，侵权行为容易确立，专利技术的转化和运用也是比较容易实现的。而对于配方类的专利技术，例如可口可乐的配方，虽然取得专利权容易，权利要求边界清晰，但专利技术的保护难以实现，其最主要的原因就是配方在实际转化为成品的过程中经历多个处理环节，组分的组成和配比都会发生明显的变化，这也就使得专利和产业化的产品之间的关系不明确，即使买到了潜在竞争对手的产品，进行了化学组分测定，也难以确定其究竟是否应用了该专利技术。相信这也是可口可乐公司考虑以商业秘密的形式保护其核心技术的原

---

① 成家. 可口可乐因"错"得福 [J]. 理财, 2010 (05)：37.

因之一。

反过来思考，既然配方在实际转化为成品的过程中经历多个处理环节，组分的组成和配比都会发生明显的变化，同时就说明了反向工程的可能性很低，因为化学分析检测技术只能实时检测出当前这一时刻，混合物溶液中的组成情况，无法还原混合物溶液的制备过程，这一过程只有真正参与制备的人员才能知道，只要各个环节的保密措施足够严谨，再从源头上将配方中核心组分的外泄渠道封锁，那么，配方的商业秘密就能够得到长久的延续。

2. 维生素 D

在 20 世纪初，尽管人们已经发现佝偻病、坏血病、脚气病等疾病上百年，其病因仍不为人知。此前，19 世纪颇具影响力的德国化学家 Justus Von Liebig 提出，适当的饮食应该包括 12% 蛋白质、5% 矿物质和 10% ~ 30% 的脂肪，其余是碳水化合物。到 20 世纪初，有研究人员应用这些纯化的推荐比例膳食成分喂养动物，发现这些动物无法生存，这表示除了这些纯化物质之外，还有其他成分为生命所必需。如脚气病在荷兰的东印度因犯之间发病率高，这些囚犯主要吃精米，给予米壳之后脚气病得到很好解决，这表明米壳中含有重要的营养素，可以预防脚气病发生。另一个重要发现是预防坏血病发生的物质，当时正值航海时代，远洋水手很容易患坏血病，但柑橘类水果或制成品可以预防水手的坏血病，证明除了蛋白质、脂肪、碳水化合物和矿物质以外，某些有机营养成分对于维持健康也很重要。维生素（vitamin）一词首先由 Funk 提出，意思是 vital amine 即重要的胺类物质，为健康和生存所必需，缺乏维生素会导致人和动物产生疾病。

美国威斯康星大学 Steven 教授一直反对德国化学家 Justus Von Liebig 的说法，他们按照其方法实验喂养 4 组奶牛，按照精确比例每日喂食某种单一粮食，分别为玉米、燕麦、小麦或三种粮食混合。饲喂玉米饲料的奶牛生长很好，还能繁殖，并产奶很多；而饲喂小麦的奶牛表现不佳，最后不能存活；饲喂燕麦的奶牛生长状况处于饲喂小麦和玉米的奶牛之间。于是他们得出结论，玉米饲料中含有辅助营养因子还未被发现，这一营养成分属于动物健康所必需。为了验证这个假说，威斯康星大学的科学家使用大鼠研究各种营养成分的重要性。最终研究表明，奶油和鱼肝油中含有一种成分，可以预防干眼症，这一发现引起了耶鲁大学科学家关注并进行类似实验。两组科学家分别发现水溶性因子可预防类似于脚气病的神经系统疾病。科学家们经过商议，决定采用 Funk 的想法，把这些物质称为维生素，维生素 A 是脂溶性因子，而维生素 B 是水溶性因子。此后不久，证据显示可以防止坏血病的另一种水溶性物质，称为维生素 C。据此，下一个被发现的维生素就称为维生素 D（结构式见图 4 - 4）。

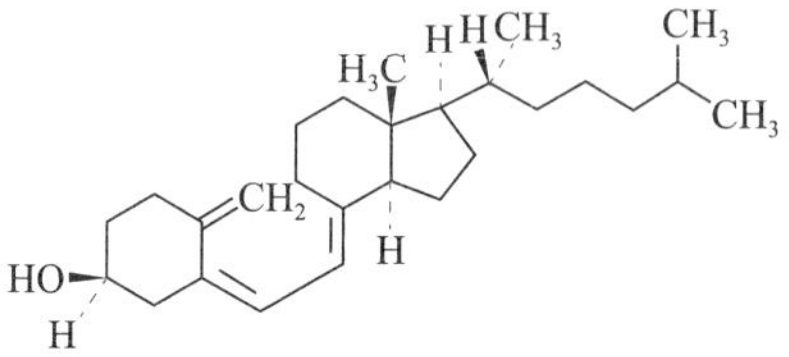

图 4 - 4　维生素 D

18 世纪 60 年代，英国发生工业革命。医生们发现儿童中出现一种疾病，表现为明显的骨骼畸形，包括大小腿弯曲、骨盆变形、头颅增大，患儿肋骨变形，出现串珠肋和鸡胸、脊柱畸形，伴有牙齿发育不良，大腿肌肉乏力松弛。该病会带来灾难性后果，不仅引起生长发育迟缓，还容易引发严重的上呼吸道感染、肺结核和流感，这种病被称为佝偻病。

此后人们一直没有搞清发病原因，当时认为可能原因包括细菌或病毒感染、活动不足、营养不良和先天遗传。直到 19 世纪末期，英国医学会报道，佝偻病在不列颠群岛中的农村地区很少见，但是在工业化城镇非常常见，在空气污染严重的城市的儿童中，佝偻病患病率高达 90%，表明阳光照射不足是佝偻病高发的主要原因。当时人们普遍认为，日光浴可以治愈很多种疾病。

科学家开始研究阳光和健康之间的联系，最初认为太阳产生的热对健康有利。光生物学家 Niels Ryberg Finsen 获得 1903 年诺贝尔医学奖，其主要成果是成功揭示了阳光照射可以治愈许多疾病，包括寻常狼疮和皮肤结核病。到 20 世纪初，科学家已经确定是阳光中的紫外线辐射刺激人体产生维生素 D。1921 年，两名纽约医生 Hess 和 Unger 将 8 个患有佝偻病的儿童放在纽约城市医院的屋顶接受阳光照射，他们通过 X 射线检查记录了每个孩子的骨骼改善变化。此后，美国政府成立了一个机构，建议父母们让孩子们接受合理的阳光照射，一些制造商也开始制造紫外线灯在药店出售。

最初人们并没有意识到，维生素 D 不同于其他维生素。到 1925 年，人们才认识到，7 - 脱氢胆固醇经过光照后，会产生一种脂溶性维生素（现在被称为维生素 D3）。到 20 世纪 30 年代，Windaus 进一步明确了维生素 D 的化学结构。

美国威斯康星大学生物化学家 Harry Steenbock 发现紫外线照射可以增加一些食物和其他有机物的维生素 D 含量，紫外线照射啮齿类动物的食物可治愈佝偻病，他据此申请了发明专利。此后紫外线照射技术广泛用于食品，尤其是照射牛奶得到广泛应用，到 1945 年专利到期时，在美国佝偻病几乎全部消失①。

Harry Steenbock 教授曾想放弃申请专利，其并不指望依靠专利赚钱，而更想将技术造福百姓，当其尝试以商业秘密的形式保护其技术并合理推广的时候，大量假冒伪劣品打着 Harry Steenbock 教授的技术之名泛滥成灾，无法控制。Harry Steenbock 教授最终认识到，要让其技术真正造福于民，就必须握有技术的实际控制权，而将其发明技术申请专利并通过专利许可是行之有效的方法。

现在，商业秘密的保护已经较为成熟，很多国家有专门的商业秘密法。但在 20 世纪 20 年代，各国的法制体系还不健全，商业秘密的保护很难予以实现，特别是一些很容易被反向工程的技术，则更加难以通过商业秘密保护。经检索 Harry Steenbock 教授的专利，其于 1925 年 6 月 12 日提交了英国发明专利申请，1926 年 11 月 12 日获得授权，其部分权利要求如图 4 - 5 所示。②

Harry Steenbock 教授在还未明确鉴定出维生素 D 结构的情况下，选择了以激发维生素 D 的方法予以保护的方式申请专利，其专利申请策略是非常合理的，待后续分离鉴定维生素 D 的结构以后，仍然可以保护其结构，这样可以有效地延续专利技术的实际寿命。

---

① 宁志伟，王鸥，邢小平. 维生素 D 的研究历史［J］. 中华骨质疏松和骨矿盐疾病杂志，2018，11（1）：39.

② Harry Steenbock. Improved manufacture of edible products：GB1532425［P］. 1926 - 11 - 12.

1. The process of imparting antirachitic properties to *such organic substances of dietary value as are not entirely free from fatty matter (for example fats and such oils, protein foods, carbohydrate foods, or composite foods as are not entirely free from fatty matter)* ~~organic substances of dietary value (for example carbohydrate foods, fats, oils, protein foods or composite foods)~~, which comprises subjecting the same to the action of artificially produced ultra-violet rays, such as are pro-

duced by a quartz mercury vapour lamp, for a period sufficient to effect antirachitic activation but so limited as to avoid subsequent destruction of the antirachitic principle.

2. A process as claimed in Claim 1 as applied to unsaponifiable lipoids, characterised by the separation of the lipoids from other constituents of a fat either before or after the antirachitic activation.

3. A process as claimed in Claim 1 as applied to butter substitutes characterised by fatty constituents being subjected to the antirachitic activation either before or after the incorporation thereof in such butter substitute.

4. A process as claimed in Claim 1, characterised by concentrated substances readily amenable to such treatment, such as unsaponifiable lipoids being subjected to the antirachitic activation and incorporating the same in suitable proportion in food.

5. The process of treating substances of dietary value *and not entirely free from fatty matter*, substantially as described.

6. Foods and food products when treated by the process claimed in any of the preceding claims.

图 4 - 5　部分权利要求

　　但也正因为在 1925 年，化合物结构鉴定的手段还非常落后，维生素 D 结构未知，使得 Harry Steenbock 教授的技术无法以商业秘密的形式保护，商业秘密保护的核心策略是必须具有至少一个外人无法获知的技术要件，而 Harry Steenbock 教授激发维生素 D 的方法仅为紫外照射，这样简单的技术手段难以保密，并且容易复制。

　　Harry Steenbock 教授的专利申请策略是一种在产品发现的前端先行保

护的策略，通常以制备方法进行保护。尤其在中国，根据《专利法》第11条的规定，发明和实用新型专利权被授予后，除本法另有规定的以外，任何单位或者个人未经专利权人许可，都不得实施其专利，即不得为生产经营目的制造、使用、许诺销售、销售、进口其专利产品，或者使用其专利方法以及使用、许诺销售、销售、进口依照该专利方法直接获得的产品。即制备方法的保护可以延伸至其直接制备得到的产品，从而产生对于产品的保护。后续在确定了产品的结构以后，可以再单独申请延长产品的实际专利生命周期。

3. 铸钢火车车轮

安施德工业集团（Amsted Industries，以下简称"Amsted"）是一家总部位于美国的铸钢火车车轮制造商，拥有两项制造方法的商业秘密，即"ABC 工艺"和"Griffin 工艺"。该公司在美国业务中使用了其制造方法中的"Griffin 工艺"，另一项方法"ABC 工艺"则已不再在美国使用，而是授权给中国大同爱碧玺铸造有限公司（以下简称"大同公司"）使用。天瑞公司在中国制造铸钢火车车轮，通过合资企业将其产品出口至美国。天瑞公司 2005 年曾与 Amsted 协商，试图获得类似的许可，但未能成功。

后来天瑞公司雇用了大同公司的 9 名员工，这些员工在大同公司工作期间接受过涉案商业秘密方法的培训，并被告知该方法为机密，且其中的 8 人签署了保密协议。因此，Amsted 向美国国际贸易委员会投诉，称涉案车轮的制造方法是在美国开发完成的，应受到美国国内商业秘密法的保护，故上述车轮的进口违反了美国 1930 年关税法案的第 337 条规定。

天瑞公司以涉嫌侵犯商业秘密的行为发生在中国，且"337 条款"不具有在境外适用的立法意图为由，提出终止"337 调查"程序的动议。美国国际贸易委员会的行政法官驳回了这一动议，认为有充分的直接及间接证据证明天瑞公司通过窃取 Amsted 商业秘密的方式，获取了涉案车轮制造方法，裁定支持了 Amsted 的主张。美国国际贸易委员会对行政法官的裁决未进行复议，并颁发了有限的排除令（limited exclusion order）。同时，该案行政法法官指出：只要保密的工艺被盗用导致原告的国内产业受到损害，本国工业是否使用此保密工艺并不重要。只要原告能证明国内产业会因为被告的不公平竞争而受到损害便可。天瑞公司不服美国国际贸易委员会的裁决，向美国联邦巡回上诉法院提起诉讼。在诉讼中，天瑞公司并未质疑美国国际贸易委员会认定的如下事实：Amsted 所拥有的秘密信息被以违反保密义务的方式泄露给了天瑞公司，且这些信息被用于制造出口至美国的火车车轮。天瑞公司提出了两点诉讼主张：一是"337 条款"不具有在境外适用的效力；二是因 Amsted 未在美国国内实施诉争商业秘密方法，故其没有满足"337 条款"中的国内产业受损的要求。

美国联邦巡回上诉法院在其 2011 年 10 月 11 日的决定中，维持了美国国际贸易委员会的判决，并指出：《关税法》第 337 条的适用范围可延伸适用于美国之外发生的侵占商业机密的行为。同时，《关税法》第 337 条中对法定知识产权（例如：专利、版权、注册商标）的要求和对在进口中非法定不公平竞争行为（例如：商业秘密的盗用）的要求是不一样的。对于非法定知识产权，其"国内产业"要件的范围要宽很多①②。

经过检索，后续 Amsted 也未对相关的方法进行专利保护。应该说在该案中，Amsted 对于商业秘密的策略运用是非常成功的，将两种工艺的商业秘密有选择性的使用以及许可，一方面保证自己的市场占有率，另一方面通过许可获取利益，并借助下游企业封锁市场。从该案来看，Amsted 通过协议保密以及商业秘密窃取取证等措施，并结合"337 条款"扩大化的解释在诉讼案件中获胜。

尽管如此，Amsted 也有失误之处，这也反映出商业秘密与专利保护的实质性差异，即对于信息传播与流动的控制性。在信息化程度非常高的今天，数据、文件等的获取与传播是非常迅速且容易的，在核心技术没有专利保护的情况下，其发生泄露的风险远远高于存在专利保护的情况，这一方面源于人员的侥幸心理，另一方面也源于商业秘密取证难，难于证明其为商业秘密，甚至难于证明其为自己的商业秘密，以及难于证明对方窃取商业秘密的完整的行为。

Amsted 的案件虽然在美国获得了胜诉，但其是在多种因素的综合作用

---

① 张广良. 侵犯商业秘密纠纷的境外风险——评美国天瑞案 [J]. 中国对外贸易，2012 (12)：63.

② 人民网. 从美国 337 调查案看商业秘密的保护 [EB/OL]. (2012 – 12 – 26) [2019 – 08 – 31]. http://ip.people.com.cn/n/2012/1226/c136655 – 20022578.html.

下所取得的，经过深入研究发现，更多的商业秘密侵权案件是以原告的撤诉、失败等而告终。因为技术本身的转化和运用是其价值实现的必然过程，在这个过程当中必然有人的参与，作为一个产业而言，这样的参与者的数量并不会很少，难免由于产业化的过程中技术的介入程度很高而导致信息的泄露，而在人员流动的情况下，信息的绝对保密无法在真正意义上实现。

专利作为一种较为稳定的权利，以法定文本的形式明示了权利的范围，既降低了取证的难度，同时也很少存在权属的争议。因此，在司法环节上，专利权对于专利转化和运用的保护力度更强。

二、专利与商业秘密的合理使用

众所周知，专利制度建立后，其最基本的原则就是以公开换保护。通过公开技术，换取一段时间的保护。世界各国对专利进行保护的目的也是促进工业及科学技术的不断发展，因此设置专利保护的年限，既是对技术变革的推进，又是对发明本身的奖励。如果专利保护期限过长，就等于助长了不公平竞争，不利于推动技术进步。

从专利制度的本源来看，我们不难理解专利申请文件的公开制度，不论是专利申请文件提交后一定时间内的先行公布，再进行审查并二次公布授权，还是专利申请文件提交后直接进入审查程序，一次公布授权，核心都是要将专利的内容公布，并处于大众想获得就能够获得的状态。

尽管如此，是不是一定要将专利技术的每一个细节毫无保留地公布于众，有待专利申请人权衡。其中主要考虑的因素有以下三点。

其一，专利技术是否有最优方案。

经调查研究，相当大一部分的专利申请人更倾向于在撰写专利申请文件的过程中，将发明最核心的技术方案以商业秘密的形式保护，而公布于专利申请文件中的是一般的能够支撑权利要求所要解决技术问题的技术内容。这样的做法有几个优势，一方面，竞争对手不容易重现专利权人的实际产品，即使能够重现，也难以取得相当的效果，从而增加了仿造的难度；另一方面，专利权人可以经过市场反馈的考量，决定是否进一步通过延续申请来延长最优方案的保护时间。

其二，专利技术是否容易被反向工程。

尽管有很多的专利申请人选择以商业秘密的形式保护部分研究成果，但仍然应当注意的是，上市的产品或者技术是否容易被反向工程，即是否能够通过拆解分析等常规的实验手段容易地破解技术的核心。如果一件产品或者一项技术非常容易被反向工程，商业秘密的保护形式则缺乏保障，并且在被反向工程以后，竞争对手很可能会就最优技术方案二次申请专利。尽管这样的专利保护范围可能落入原专利的保护范围之内，但由于专利申请人自身也需要实施专利技术，因此，很大可能需要通过交叉许可的方式解决，这将蚕食专利原本应该带来的利益。

其三，专利技术的生命周期。

上述可口可乐与维生素 D 两个案例各有特点，具有很强的代表性，一个是难以通过反向工程破解组成的配方，一个是具有很强时代背景的早年的研究技术。但也可以注意到，二者可以共同说明一个问题，就是在技术生命力顽强、市场难以与之抗衡且商业秘密保护能够实现的情况下，商业秘密的保护将赋予技术更长的生命周期，就如同可口可乐的 7X 配方。相反，在 1925 年，化合物结构鉴定的手段还非常落后，维生素 D 结构未知，使得 Harry Steenbock 教授的技术无法以商业秘密的形式保护。商业秘密保护的核心策略是必须具有至少一个外人无法获知的技术要件，而 Harry Steenbock 教授激发维生素 D 的方法仅为紫外照射，这样简单的技术手段难以保密，并且容易复制，也就促使 Harry Steenbock 教授选择了专利保护其实践的方法，这样至少可以获得 20 年的保护期。

美国、日本、德国等发达国家的知识产权制度经过多年的发展，在不断的实践中，创新主体已经能够将专利制度理解透彻，并且能够将商业秘密与专利的关系权衡清楚，做到取舍得当。就我国目前的发展情况来看，专利制度经过 40 余年的发展已经取得了长足的进步，打下了坚实的基础，但商业秘密的保护仍然有待进一步提升。商业秘密之所以能成为有价值的无形资产，其主要原因之一是因为它的保密性。一旦商业秘密泄露给公众，其价值就会丧失，并成为现有技术，这对后续技术改进可获得的专利保护也会造成影响。作为商业秘密的拥有者，必须采取合理、有效的保密措施维护商业秘密权利。如果第三方通过反向工程，合法地破解了商业秘密保护的对象，商业秘密权利对于反向工程成功的第三方就没有限制力。因此，在商业秘密诉讼中，被告最常使用的抗辩理由之一就是涉案技术是由其工程技术人员自主研发，通过反向工程发明出来的。

虽然我国目前采用《中华人民共和国反不正当竞争法》保护商业秘密，但创新主体在保护机制和证据确认层面仍然有待完善。因此，更应该在全面考虑专利与商业秘密的优劣的基础上，作出正确合理的选择。

第三节　国外企业科技成果转化中的专利布局

一、专利布局的介入时机

对比国外和国内代表性企业的专利布局策略，发现一个明显的特点，国外企业倾向于在专利技术的萌芽期布局核心专利，为后续的专利技术转化打基础，而国内企业和高校、科研院所等的布局介入时间更晚一些。从整体上比较，国内创新主体与国外创新主体之间在对专利制度的了解和掌握程度上还是有一定的差距的。经研究，有一部分创新主体侧重于抢占较早的申请日，确保专利申请的优先性，尽管损失了一定的保护时间，但可以通过延续申请等方式予以弥补。还有一部分创新主体则选择相对较晚的申请日期，可以尽可能地实现单一专利保护期限的最大化。

对于专利布局的介入时机，不能以偏概全，应当全面分析专利自身的作用，可以认为专利既有进攻属性，又有防御属性。从专利的授权到行权，其中更多地反映了专利的进攻属性，既有警示作用，又是自身权利的象征。但从另一方面看，专利不仅仅是为了追求一个权利，其还是防御性的武器，公开的专利技术可以作为在后申请的专利的现有技术，这就意味着越早提交专利申请、越早公开，就会越早对后续的研究构成障碍和壁垒。

总的来说，专利布局介入时机的早和晚各有利弊，专利申请人应当权衡实际的情况，综合考虑专利申请的目的和意义，选择恰当的布局介入策略。

二、专利布局的深度和广度

在专利布局的深度和广度方面，一项技术的专利布局应当是有核心专利和外围专利的。通常情况下，我国的创新主体对于一项技术就只有一件专利，保护范围有时还很有限。而国外企业在专利布局层面更多的是追求专利布局的层次和体系。

例如，高通公司采用了路障式布局，将实现某一技术目标必需的一种或几种技术解决方案申请专利，优点是维护成本低，缺点是留下了回避设计和突破障碍的空间，并且还给竞争对手以技术启发。此类布局要求对创新把握准确，对竞争者的能力有了解，适用于技术领头羊。辉瑞公司采用城墙式布局，将实现某一技术目标的所有规避设计方案全部申请专利，形成城墙系列布局，目标是抵御竞争者侵入自己的领域，不给他人留下规避设计和替代方案的空间，适用于多个方案可达到相同或类似功效。IBM采用地毯式布局，将实现某一技术目标的所有技术方案全部申请专利，前期需要充分的专利挖掘，围绕技术主题，形成牢固的专利网，适用于实力强劲的企业。富士康公司采用围栏式布局，当核心专利在竞争者手上时，将围绕该技术主题的大量技术解决方案申请专利，形成"农村包围城市"的围栏式局面，技术含量虽然不高，但给竞争者带来麻烦，阻止竞争者进行有效的商业使用，给专利许可谈判储备筹码。苹果公司采用借壳式布局，灵活运用专利权转让许可制度，与"壳"公司/发明人达成秘密协议，或者自行在相应国家建立"壳"公司，切断经济、信息上的明面线索，增加调查难度，由"壳"公司申请，获权后再转让或独占许可给母企业或雇主企业，适用于关注度特别高的行业领先者，技术要点是需要经常换"壳"。还有企业采用跨界式布局，部分特殊企业采用反侦查布局，多申请非核心业务、非主攻方向但与技术领域匹配的专利，故意转移视线。

总的来说，国外企业在专利布局的深度和广度方面更有策略性和体系性，每一件专利的作用和意义非常明确，各司其职，共同配合，夯实权利基础，确保相对稳定的保护范围。

第五章

专利技术转化和
运用中的核心问题

在梳理了我国高校以及科研院所、我国企业以及国外企业在专利技术转化和运用方面的典型案例以后，经过对比研究，发现了一系列的问题，主要分为意识层面、制度层面以及市场层面的问题。

本章将从国内专利技术转化和运用中存在的深层次问题、专利转化和运用中面临的风险、专利的市场价值属性以及专利的生命力四个方面，深入探讨专利技术转化和运用中存在的核心问题，以期能够引起读者的思考，推动我国专利技术转化和运用的革新。

第一节　国内专利技术转化和运用中存在的深层次问题

一、国内高校及科研院所存在的问题

1. 专利制度理解不到位

2020年11月30日，中共中央政治局就加强我国知识产权保护工作举行第二十五次集体学习。中共中央总书记习近平在主持学习时强调，知识产权保护工作关系国家治理体系和治理能力现代化，关系高质量发展，关系人民生活幸福，关系国家对外开放大局，关系国家安全。全面建设社会主义现代化国家，必须从国家战略高度和进入新发展阶段要求出发，全面加强知识产权保护工作，促进建设现代化经济体系，激发全社会创新活力，推动构建新发展格局。习近平总书记"五个关系"的重要论述全面阐述了知识产权保护工作的重要性。经过四十余年的不懈努力，我国打下了较为扎实的知识产权制度基础。但制度的建立仅仅是起点，如何落实知识产权制度仍然是一个难题。在实际的执行层面，我国的高校和科研院所对知识产权的重视程度还远远不够，特别是绝大多数科技论文没有转化为专利技术，而专利技术中真正能够实现转化和运用的也占比很低，专利技术转化率偏低是一个不容忽视的问题。

这其中的原因是什么？从根本上说还是对专利制度的理解不到位。虽然高校教师和学生们大部分能够知道专利或者知识产权的概念，但对其核心和实质可能还不够清楚。因为在实际的学习和工作中很难遇到知识产权问题，就像很多企业只有在被动挨打之后，才能吃亏长见识，这是现在亟须扭转的局面。

《专利法》第 1 条规定，为了保护专利权人的合法权益，鼓励发明创造，推动发明创造的应用，提高创新能力，促进科学技术进步和经济社会发展，制定本法。这是专利法的立法本意。《专利法》第 22 条规定，授予专利权的发明和实用新型，应当具备新颖性、创造性和实用性。新颖性，是指该发明或者实用新型不属于现有技术；也没有任何单位或者个人就同样的发明或者实用新型在申请日以前向国务院专利行政部门提出过申请，并记载在申请日以后公布的专利申请文件或者公告的专利文件中。创造性，是指与现有技术相比，该发明具有突出的实质性特点和显著的进步，该实用新型具有实质性特点和进步。实用性，是指该发明或者实用新型能够制造或者使用，并且能够产生积极效果。本法所称现有技术，是指申请日以前在国内外为公众所知的技术。《专利法》第 22 条是专利法皇冠上的明珠，解释了对于专利申请本身最根本最核心的要求。从专利技术转化和运用的角度来看，值得鼓励的发明创造应该是有创新的、有改进的、能够制造使用的、产生积极效果的科学技术成果。高校产生的专利如果都能够满足这样的要求，那么，高校专利技术的转化和运用的问题也就迎刃而解了。

2. 专利市场化意识不足

在 2018 年的博鳌亚洲论坛上，习近平总书记发表重要讲话，站在全局和战略的高度，作出了"两个最"的重要论述，将加强知识产权保护定位为完善产权保护制度最重要的内容和提高中国经济竞争力最大的激励。这"两个最"赋予了知识产权新的时代内涵，明确了新的功能定位，更好地体现了知识产权的市场属性。

但国内的高校及科研院所对于专利的市场属性的认识还不够深入，一方面是在实际的科研工作中，专利更像是一般的学术论文，用于职称评定或者作为考核指标的一种；另一方面是身边没有实际案例，无法体会到专利的价值。事实上，无论从何种维度分类，专利的市场属性绝对是专利的核心属性之一，也是专利和其他一些学术论文最本质的区别。从专利的权属上分析，专利权是一种私权，作为一种私有的权利，它的存在必然是有市场价值的，而学术论文的本质是公开，是分享学术成果，是追求科研的新高度。

但现实中，国内的高校及科研院所将专利的市场属性极度弱化了，反而凸显了专利的技术属性，或者说将专利等同于一般的学术论文，这就有悖于专利本身的价值体系，这也是国内的高校及科研院所对专利市场化意识不足的体现。

3. 科技成果转化的机制不健全

上文提到了与科技成果转化相关的法律法规的落实必须有高校层面更加贴合自身实际情况的配套制度。然而，目前看来，大部分高校缺乏应有的制度体系。根据调查了解到的实际情况，大部分高校对于专利仅有一些相关的资助和奖励政策，缺乏实际可落地的能够帮助专利转化和运用的制度体系。

读者可能会问，为什么别的国家的制度体系我们不能照搬过来？实际上，制度背后要解决的问题是科技成果转化的机制问题，在这个问题中，制度是其中的一个重要环节。再进一步说，无论是国家政策、地方政策，还是高校和科研院所自身的制度，更为重要的是政策制度的链接方式，如何将高校和科研院所与其他机构串联，解决专利技术的产业化模式以及后续的利益分配、风险分担等问题。

目前看来，我国的高校及科研院所虽然在探索一些科技成果转化的模式，但整体上还没有非常健全的机制辅助科技成果特别是专利技术的转化和运用。

二、国内企业存在的问题

1. 专利制度理解不到位

实际上，我国企业的专利申请量很大，可以认为是世界领先，可是我们的创新能力并没有实现世界领先，从世界知识产权组织统计的数据来看，我国的企业还处于专利申请量大而不够优的境地。

另外，还存在一些企业有为了申请专利而申请专利的行为。从专利技术转化和运用的角度来看，值得鼓励的发明创造应该是有创新的、有改进的、能够制造使用的、产生积极效果的科学技术成果。如果企业的专利行为能够遵循专利法的立法本意，那么，企业的专利转化率会进一步提高，企业的专利转化和运用的情况会得到明显的改善。

2. 科技成果转化的机制不健全

企业的个体性差异要比高校和科研院所的个体性差异更大一些。高校以教学为主，学科设置、学院设置、人才培养模式等具有一定的统一性和规范性。但企业本身是一种创新的产物，自负盈亏，承担市场瞬息万变带来的风险。目前看来，我国的企业虽然在科技成果转化方面好于高校，有着一些独特的运营方式，但是鉴于企业本身的个体化差异性，企业层面的专利技术转化和运用的机制建设存在着很大的难度，难以找到一种普适性的可以推广的模式。企业层面的知识产权管理制度体系仍然有待进一步完善，技术人员、市场人员、知识产权人员等角色的定位仍然有待进一步梳理。

第二节　专利转化和运用中面临的风险

一、专利权的稳定性

专利权是法律赋予专利权人的一种支配权，具有排他性。专利申请人希望获得的专利权是一种界定清晰的、稳定的权利。即使专利申请经过了审查程序转化成为专利权，后续仍然会面临一定的挑战。其根本原因就在于专利权的排他性，不可避免地在某些时候对竞争对手构成威胁。根据《专利法》第 45 条的规定，自国务院专利行政部门公告授予专利权之日起，任何单位或者个人认为该专利权的授予不符合本法有关规定的，可以请求国务院专利行政部门宣告该专利权无效。根据 2010 年修订的《中华人民共和国专利法实施细则》第 65 条的规定，依照《专利法》第 45 条的规定，请求宣告专利权无效或者部分无效的，应当向专利复审委员会提交专利权无效宣告请求书和必要的证据一式两份。无效宣告请求书应当结合提交的所有证据，具体说明无效宣告请求的理由，并指明每项理由所依据的证据。前款所称无效宣告请求的理由，是指被授予专利的发明创造不符合《专利法》第 2 条、第 20 条第 1 款、第 22 条、第 23 条、第 26 条第 3 款、第 4 款、第 27 条第 2 款、第 33 条或者本细则第 20 条第 2 款、第 43 条第 1 款的规定，或者属于《专利法》第 5 条、第 25 条的规定，或者依照《专利法》第 9 条规定不能取得专利权。

专利技术的转化和运用是在专利权的保护下的一种专利价值体现的过程，其对于专利权的稳定性的要求是极高的。不论是企业利用自身条件的转化，还是高校及科研院所委托合作式的转化，都是建立在稳定的专利权的前提下。

专利技术的转化和运用不是一蹴而就的事情，而是需要相当长的准备时间以及一定的资金注入和人力投入，可以认为其就是一种投资行为。既然是投资行为，本身就面临风险，也必须考虑如何降低风险。实际上，专利权的稳定性是在这一环节必须要考虑的客观因素，也是最容易把握的指标。

对于专利权人而言，必须在对专利权自身的稳定性实行充分把握的前提下，才能够启动专利技术转化和运用的相关工作。对于发明专利申请而言，由于我国实行发明专利的实质审查制度，发明专利的稳定性相对较高。从实际的情况来看，专利审查的结果并不是专利最终的结果，后续往往有竞争对手或者第三人（如"稻草人"）提出专利无效宣告请求，如上述的自拍杆案件和西地那非案件，经过了多次的专利无效宣告请求，最终仍然维持有效或者部分有效的状态。

经研究认为，专利稳定性的评价客观上应当是一件没有终点的工作，原因就在于对于任何一件专利的现有技术都可以认为是无穷尽的，这也就意味着对于任何一件专利穷尽所有的现有技术是不可能的。但应该可以认为，经过多次无效程序考验，仍然维持有效的专利的稳定性很高。这提示我们，在专利技术转化和运用之前，应当也必须经过充分的专利稳定性检索，经过充分的考量和评判，在确保对专利稳定性具有较高把握的情况下，再去推进专利技术的转化和运用。与其面临竞争对手专利无效宣告请求的进攻，不妨自己首先通过无效检索等手段，充分检验专利的稳定性，为后续专利技术转化和运用做好铺垫。只有在专利稳定性得到充分确认的前提下，专利技术转化和运用才能够有充分的保障。反之，不经过确认就轻易开展专利技术转化和运用，如果专利被宣告无效，将会使已经开展的专利技术转化完全暴露于市场中，甚至有可能会落入他人专利权的范围内，存在侵权的风险或者容易被仿制而丧失应有的市场份额。

二、专利技术的成熟度

上文中提及 NASA 的 9 级等级体系，结合我国高校的实际情况，经分析认为，NASA 的 9 级等级体系更倾向于对一项技术本身的设计和实验的维度进行细致的考量。高校的实验技术一般较为完整，按照 NASA 的 9 级等级体系套用可能会得出成熟度较高的结论。经研究，可在微观考量的基础上，增加宏观考量的指标体系，使得基于技术完备等级的技术成熟度分析更加准确，具体包括专利的技术发展趋势、技术先进性、不可替代性、领域适用性、实施难度等方面。结合上述 5 个指标体系可以更加准确地评价技术的完备等级，从而更加准确地确定技术成熟度。

文中也分析了 TRIZ 理论，当前大多数基于 TRIZ 的技术成熟度研究通常采取的做法是：根据时间统计某个领域的专利数量，并以时间作为自变量，专利数量增量作为因变量，采用不同的方法进行曲线拟合并计算拟合的残差平方和，选中残差平方和最小的曲线作为最终的拟合曲线。在研究过程中发现，如果根据这一方法进行技术成熟度预测，我国各类技术的成熟度判别结果几乎都是处于成长期，这与部分技术的发展趋势不符，这是由我国特殊国情导致的。改革开放后特别是 2004 年以来，我国经济开始快速发展，因此专利数量有可能是受到经济发展的大力推动，而非完全是技术进步的推动。受到政策、经济因素的影响，直接通过专利数量拟合曲线进行技术成熟度判断结果不够准确。

经研究认为，这其中最为关键的因素也就是专利数量的增量。但由于受到国家和地方政策层面的影响，专利数量增量的数值存在一定的偏差，可以考虑对专利数量增量的数值进行修正。将上述 TRIZ 理论中技术成熟度预测的方法，修正为根据时间统计某个领域的高价值专利数量，并以时间作为自变量，高价值专利数量增量作为因变量，采用不同的方法进行曲线拟合并计算拟合的残差平方和，选中残差平方和最小的曲线作为最终的拟合曲线进行技术成熟度预测，能够更加准确地确定专利技术的成熟度。将技术完备等级理论与 TRIZ 理论相结合，二者同时评估高校专利技术的成熟度将会得出更为准确的结论。

专利技术成熟度的评价机制在我国有推广和应用的必要性，其原因就在于结合我国实际的国情来看，高校及科研院所的专利技术成熟度较低，难以满足专利技术转化和运用的实际要求，对于技术成熟度不高的专利技术开展转化和运用研究将会使得投资方以及实践方面临风险。因此，有必要结合现有的评价机制，提出适合我国实际国情的专利技术转化和运用前端专利技术成熟度的评价机制，在专利稳定的前提下，进一步做好专利技术成熟度的研究，才能够更好地推进专利技术转化和运用的实现。

三、市场化的不可控因素

专利技术的转化和运用是一种市场化的行为，既然是一种市场化的行为，其必然存在着风险。风险可以分为两种：一种是可控性的风险，另一种是不可控性的风险。

对于可控性的风险，可以通过知识产权分析评议尽可能降低或者完全消除风险因素。审协广东中心建立了知识产权分析评议的模型，从法律、技术、市场三个角度分析。法律分析模块包括知识产权法律信息查证、知识产权权属关系查证、知识产权法律风险分析、知识产权相关权利义务调查、目标市场知识产权法律环境调查、知识产权相关协议条款审查、知识产权稳定性评价、知识产权保护强度评价等；技术分析模块包括专利技术趋势分析、专利技术竞争热度分析、创新空间分析、创新启示分析、技术可替代性分析、技术核心度调查、技术创新度评价、技术成熟度调查等；

市场分析模块包括产业知识产权竞争状况调查、知识产权关联度调查、目标对象知识产权策略及实力评价、知识产权资产审计与评估、知识产权经济效益调查等。相应的模型可以用于评价已知的常见风险点。

　　不可控性的风险是专利权人更应当注意的。专利技术转化和运用过程中的不可控风险主要包括：出现替代技术、资金链断裂、政策变动、核心人员离职、中试放大失败、利润空间压缩等。任何一个不可控风险的出现都可能是致命的，因此，专利权人应当充分做好准备工作，以应对各类风险。

第三节　专利的市场价值属性

一、专利市场价值的含义

　　近些年来，知识产权市场经历了重大的变革，知识产权特别是专利的重要性日益凸显。我国反复强调将采取更严格的知识产权保护制度，进一步完善相关法律法规，对侵犯知识产权的行为一经查实将加倍严厉处罚，《专利法》的第四次修改也明确了惩罚性赔偿的相关规定。

　　可以说，知识产权特别是专利的价值已经得到了全社会的认可。从理论上看，专利的价值包括技术价值、法律价值和经济价值三个层面。在理论层面上，可以用专利价值度模型中的经济价值度来理解专利的市场价值。从实际层面上，专利的市场价值是一种货币化的行为，即确切地给专利评估实际的价格。现在很多企业的知识产权战略已经由防守型向进攻型转变。近期，知识产权市场上最为显著的变化是由市场上新兴参与者带来的，他们以关注知识产权的价值发现为商业模式。例如，有一部分知识产权专业机构力图以战略性专利组合的构建和专利许可实现专利的货币化；还有一些公司则通过建立专利和创新思想的在线交易平台，或出于防御目的建立合作经营企业，为其成员购买和许可专利；另外，还有部分担保公司以知识产权价值为基准进行知识产权质押融资和允许投资者从专利权使用费中获取收益。目前，国内外都有一些关于专利货币化的成功案例，这其中要解决的最为核心问题就是专利的市场价值的评估，只有在能够合理给专利定价的基础上，专利才能够用于等价交换，并真正实现专利的市场化和货币化。

二、专利市场价值的确定

1. 在线配对平台

正如上文所述，专利市场价值的评估是要解决的最为核心的问题。专利市场价值评估有很多种方法，但尚且都不具备绝对的公信力，更多情况下是买卖双方协议定价。这其中进一步引申的问题就是如何匹配买卖双方，许多公司不仅难以寻找匹配的专利权人，更是对如何获取相应的专利技术感到无处着手。国际在线交易平台、InnoCentive、Yet2 等，以匹配想要交易知识产权的所有者和寻求知识产权的购买者为核心业务，以促进知识和技术的良性循环。

以 InnoCentive 为例，专利权人作为解决方通过在线技术难题解决方案竞争赢得由需求方提供的奖金。如果解决方对特定的难题提出了解决方案，平台将提交给寻求方评价，如果某一解决方案被需求方评为最佳解决方案，解决方就将获得需求方事先确定的奖金，而这个解决方案的知识产权也将完全转移到需求方。

在线配对平台，可以解决专利转化不便利的问题，因为需求方的问题本身就来源于推进产业化进程中的现实困难，在这种情况下，通过在线配对平台，避免了复杂的专利转让、许可等程序，在双方基于问题解决方案的合理估价的基础上彼此配对，这种方式巧妙地解决了专利价值确定的问题，可以认为是一种问题导向的市场价值确定方法。

2. 知识产权拍卖

普通的专利许可和转让相对而言比较复杂，其中面临的重要问题仍然是如何匹配买卖双方，为了便于专利权相关权利的转移，构建一个专利转让或者许可的交易价格共享数据库是非常关键的。这个数据库可以基于历史交易信息，为未来专利转让与许可提供参考。通常来说，与专利权许可或者转让相关的信息都是保密的，因此，无论是对于买方还是卖方而言，通过对比相似交易的数据来优化交易过程有一定的难度。知识产权拍卖则是一种完全公开、透明的知识产权交易行为。

Ocean Tomo 公司通过开展专利现场拍卖，促进专利的转移转化。还有一些公司采用在线专利拍卖的服务，为专利的购买方和出售方提供在线交易的平台。知识产权拍卖的核心优势在于放弃了传统的一对一的谈判模式，改用了一对多的竞争模式，从而可以提高专利转移转化的成功率，并在有多个横向对比的情况下，更加精准地评估专利的价值。这种模式要求拍卖组织方对知识产权相关工作的深入了解，整体把握专利价值，以及能够发掘潜在购买方。尽管专利拍卖的工作仍然有待完善，但其是一种合理的专利定价的模式，对于合理评估专利的市场价值具有非常重要的意义。

3. 侵权赔偿计算

相比前两种新兴的模式，专利侵权赔偿额度的计算是目前最为常见的、也是最为客观的专利市场价值的确定途径之一。很多学者认为专利的侵权行为与专利的价值密切相关，存在侵权行为的专利一般都有着较高的市场价值，因此，以侵权判定赔偿额来判断专利的市场价值的方法也应运而生。

2018 年 4 月，广州知识产权法院对珠海格力电器股份有限公司诉宁波奥克斯空调有限公司专利侵权案作出一审判决：宁波奥克斯空调有限公司（以下简称"奥克斯"）侵犯珠海格力电器股份有限公司（以下简称"格力"）的空调技术实用新型专利，需立刻停售侵权的八个型号空调产品，并赔偿格力经济损失 4000 万元。法院审理查明，格力向国家知识产权局申请"一种空调机的室内机"实用新型专利权，2009 年 5 月 20 日授权公告。然而格力发现，这一专利技术竟出现在竞争对手的产品上。格力电器诉称，第一被告奥克斯以及第二被告广州某东贸易有限公司未经许可，生产、销售、许诺销售使用格力电器专利技术的八个型号空调产品，侵犯了格力的专利权。请求法院判令两被告立即停止侵权，被告奥克斯赔偿格力经济损失及合理费用合计 4000 万元。2017 年，在广州知识产权法院两次公开开庭审理，涉案空调在法庭上被现场拆卸，以便法官与技术调查官比对技术细节①。

格力诉奥克斯侵权案在当时创造了国内家电行业专利侵权赔偿额的新纪录，也是我国在成立了三家专门知识产权法院之后，在更加专业和更加细致地把握专利侵权和专利赔偿的基础上，对专利价值度更加精准的诠释。一般情况下，专利侵权赔偿额度的计算，首先考虑权利人因被侵权所受到的实际损失或者侵权人因为侵权所获得的实际利益，再考虑专利许可费，最后采用酌定赔偿的方式确定专利的市场价值，这也为专利市场价值的确定提供了切实的参考依据。

第四节 专利的生命力

一、专利技术的更新换代

专利制度作为一种法律制度，本身具有平等的特点，任何一件专利所被赋予的权利都是均等的，可以享有与同类专利相同的保护期限和保护力度。但从实际的运用层面来看，由于技术领域的不同，专利呈现出一个显著特点就是保护年限的差异化，即可以认为是专利生命力的差异化。

以医药化学行业为例，国外的重磅药物或者国内的 I.1 类新药，其技术的生命周期远不止 20 年。因为一项创新药物的研发过程本身可能就要超过 10 年，其技术的更新换代较慢，替代技术出现的速度也较慢，对于这样的专利，其生命力是大于 20 年的。因此，在《专利法》第四次修改过程中，也将药品专利保护的延期问题一并调整。

反观通信行业，从 3G 到 4G 再到 5G，也就 20 年左右的时间，通信行业的技术已经经过了几代的更迭，这其中的专利技术也就随之进行了更迭的过程。应该说，通信行业是专利技术生命力较短的行业，技术更新换代

---

① 广州日报. 格力空调诉奥克斯专利侵权［N/OL］.（2018 - 04 - 25）［2019 - 08 - 31］. https：//me. mbd. baidu. com/r/mxiodH2tLG? f = cp&u = 159b1dd3e715f3f7.

非常快，这与医药化学行业形成了鲜明的对比。

深入分析各个行业专利技术更新换代的特点，可以发现专利技术既有专利制度的特点，又有产业的特点。专利技术不是为了获取专利而申请专利，其根本上是追求产业化、市场化、利益化的。那么如何实现专利的价值则是核心的问题，专利技术的转化和运用作为体现专利价值的最后一个环节在其中扮演了重要的角色。一项专利技术如果已经没有了产业化、市场化的价值，那么，它本身的价值也就趋近于零，尽管它的专利保护期限还未到，但实际上已经没有了保护的价值。而如果一项专利技术在即将年满 20 年保护期限的情况下，仍然具有很大的产业化、市场化的价值，那么，它仍然具有很大的开发利用价值。因此，专利技术的生命力是专利技术转化和运用过程中一个重要的影响因素。

二、专利技术的实际生命周期

鉴于各个行业专利技术的更新换代的特点，为了更准确地评估专利市场价值，经研究认为，应当对专利技术的实际生命周期进行评估，这样才能够更加清晰地辨识专利，更加深入理解专利技术，把专利技术转化和运用好。

专利技术的转化和运用是鉴定专利技术的实际生命周期的重要节点，如果一件专利已经没有转化和运用的价值或者对于相关专利的转化和运用没有任何辅助和支撑的作用，那么，这项专利技术的实际生命周期已经达到了终点，要确定是否仍然要维持专利的有效性，则要考虑专利技术本身是否还能够作为防御性的专利起到一定的保护作用。创新主体应当权衡利弊，适时放弃无价值的专利是合理的策略。

从另外一个角度讲，如果一件专利已经临近保护期限，但其仍然能够产生巨大的市场价值，那么这项专利技术的实际生命周期就还未到终点，而关键则在于如何有效地利用专利制度延长专利技术的实际生命周期，从而使专利技术的转化和运用的价值最大化。以医药行业为例，新化合物的产生后续会伴随药物组合物、晶体、制备方法、中间体、杂质、第二用途等系列发明，通过链式专利布局，在核心化合物专利保护到期的情况下，通过药物组合物、晶体、制备方法、中间体、杂质、第二用途等系列发明延长专利技术的保护期限，从而实现专利技术价值的最大化。

　　总的来说，对于创新主体而言，清晰地认识和理解专利技术的实际生命周期有助于准确把握专利制度，理解专利技术的核心价值，从而有助于创新主体在专利技术转化和运用方面作出正确决策。

第六章

对我国专利技术转化和
运用发展的思考

本章针对我国目前国家层面、地方政府层面以及创新主体层面的相关政策和制度进行深入分析，探讨我国制度创新和立法创新并行的可行性，以及如何借鉴国外专利技术转化和运用模式为我国的创新主体所用，提高专利技术转化和运用的实际效率，并最终从布局高价值核心专利组合的角度，为读者提供切实可行的实践方法，以促进专利技术的转化和运用的实践。

第一节　制度创新和立法创新并行

一、国家层面构建专门法律法规

我国于 1996 年 5 月 15 日通过了《中华人民共和国促进科技成果转化法》（以下简称《促进科技成果转化法》），并于 1996 年 10 月 1 日起正式施行，2015 年 8 月 29 日修改。该法目前是我国专利技术成果转化的根本依据，相关法律条文节选如下：

第一章　总　则

第一条　为了促进科技成果转化为现实生产力，规范科技成果转化活动，加速科学技术进步，推动经济建设和社会发展，制定本法。

……

第二章　组织实施

第九条　国务院和地方各级人民政府应当将科技成果的转化纳入国民经济和社会发展计划，并组织协调实施有关科技成果的转化。

第十条　利用财政资金设立应用类科技项目和其他相关科技项目，有关行政部门、管理机构应当改进和完善科研组织管理方式，在制定相关科技规划、计划和编制项目指南时应当听取相关行业、企业的意见；在组织实施应用类科技项目时，应当明确项目承担者的科技成果转化义务，加强知识产权管理，并将科技成果转化和知识产权创造、运用作为立项和验收的重要内容和依据。

第十一条　国家建立、完善科技报告制度和科技成果信息系统，向社会公布科技项目实施情况以及科技成果和相关知识产权信息，提供科技成果信息查询、筛选等公益服务。公布有关信息不得泄露国家秘密和商业秘密。对不予公布的信息，有关部门应当及时告知相关科技项目承担者。

利用财政资金设立的科技项目的承担者应当按照规定及时提交相关科技报告，并将科技成果和相关知识产权信息汇交到科技成果信息系统。

国家鼓励利用非财政资金设立的科技项目的承担者提交相关科技报告，将科技成果和相关知识产权信息汇交到科技成果信息系统，县级以上人民政府负责相关工作的部门应当为其提供方便。

……

第四十三条　国家设立的研究开发机构、高等院校转化科技成果所获得的收入全部留归本单位，在对完成、转化职务科技成果做出重要贡献的人员给予奖励和报酬后，主要用于科学技术研究开发与成果转化等相关工作。

第四十四条　职务科技成果转化后，由科技成果完成单位对完成、转化该项科技成果做出重要贡献的人员给予奖励和报酬。

科技成果完成单位可以规定或者与科技人员约定奖励和报酬的方式、数额和时限。单位制定相关规定，应当充分听取本单位科技人员的意见，并在本单位公开相关规定。

第四十五条　科技成果完成单位未规定、也未与科技人员约定奖励和报酬的方式和数额的，按照下列标准对完成、转化职务科技成果做出重要贡献的人员给予奖励和报酬：

（一）将该项职务科技成果转让、许可给他人实施的，从该项科技成果转让净收入或者许可净收入中提取不低于百分之五十的比例；

（二）利用该项职务科技成果作价投资的，从该项科技成果形成的股份或者出资比例中提取不低于百分之五十的比例；

（三）将该项职务科技成果自行实施或者与他人合作实施的，应当在实施转化成功投产后连续三至五年，每年从实施该项科技成果的营业利润中提取不低于百分之五的比例。

国家设立的研究开发机构、高等院校规定或者与科技人员约定奖励和报酬的方式和数额应当符合前款第一项至第三项规定的标准。

国有企业、事业单位依照本法规定对完成、转化职务科技成果做出重要贡献的人员给予奖励和报酬的支出计入当年本单位工资总额，但不受当年本单位工资总额限制、不纳入本单位工资总额基数。

……

从国家层面的立法不难看出，《促进科技成果转化法》从立法本意、实施工作、相关保障、权益分配、法律责任等多方面进行了比较宏观的立法指导，并能给予创新主体大力的支持，特别是第四十三条和第四十五条。

借用专利界的名言，专利制度就是给天才之火添加利益之油，《促进科技成果转化法》同样也是希望通过利益的推动促进科技成果的转化和实施，这其中自然包括了专利技术成果的转化和实施。但从现实的情况来看，专利技术成果的转化和运用效果并不明显，这其中有待解决的是落实机制的问题，即地方政府以及企事业单位必须配套相关的政策制度予以落实，才能够最大效用地发挥国家立法的作用。在认识到问题本质的基础上，相信在不久的将来，我国一定能够形成国家层面、地方政府层面、企事业单位层面协调配合的完善的专利技术转化和运用政策与制度体系。

二、地方政府制定实施纲要

在国家出台了《促进科技成果转化法》等一系列法律和相关规定的基础上，各个地方政府也积极响应国家的号召，陆续出台了相应的科技成果转移转化行动方案。应该说，各地政府对于国家政策的执行和落实是非常到位的，同时，各地政策方案各有特色。这一方面源于地方之间的差异性，另一方面体现了在科技成果转化特别是专利技术转化方面各地尚欠缺经验。

以广州为例，其出台的促进科技成果转移转化行动方案中存在着不少创新的举措。《广州市促进科技成果转移转化行动方案（2018—2020年）》部分内容节选如下：

为贯彻落实《中华人民共和国促进科技成果转化法》、《国务院办公厅关于印发促进科技成果转移转化行动方案的通知》（国发〔2016〕28 号）、《国务院关于印发国家技术转移体系建设方案的通知》（国发〔2017〕44 号）和《广东省人民政府办公厅关于进一步促进科技成果转移转化的实施意见》（粤府办〔2016〕118 号），创新体制机制，推动科技成果转化为现实生产力，加快建设国际科技产业创新中心，制定本方案。

一、指导思想与目标

全面贯彻党的十九大关于新时期科技创新的新部署、新要求，牢牢把握科技创新和科技成果转移转化规律，以全面深化科技体制改革和实施创新驱动发展战略为契机，以激活市场主体创新动力、发挥市场机制在科技资源配置中的决定性作用为导向，构建制度健全、体系完备、功能强大、结构合理、开放有序、产学研深度融合的科技成果转移转化体系。

到 2020 年，市场化技术转移服务体系基本建成，技术转移渠道更加畅通，专业化的技术转移人才队伍不断壮大，科技成果转移转化制度环境日益优化，科技成果的扩散、流动、共享应用更加顺畅，建成具有国内外影响力的技术转移中心，打造国家技术转移体系和知识产权交易体系的重要枢纽。实现全市各区技术合同认定登记机构全面覆盖、布局合理，全市技术合同成交额力争达到 500 亿元；实现市级以上技术转移机构数量增长50%，专业化技术转移人才达到 500 名以上。

二、主要任务

（一）增强科技成果转移转化主体内生动力

1. 支持高校、科研机构建立科技成果转移转化示范机构。发挥高校、科研机构的知识创新源头作用，鼓励支持高校、科研机构与企业共建以技术输出为主要运营模式的独立法人研究机构，推动科技成果与产业、企业需求有效对接，通过合作、技术转让、技术许可、知识产权交易及质押融资、作价投资等多种形式实现科技成果市场价值。利用高校和科研机构的专家、教授、院士等人才资源优势和科研基础条件优势，建立科技成果转移转化咨询机制，提高科技成果转移转化和扩散的成功率。鼓励有条件的高校、科研机构与专业的技术转移机构合作建立技术转移中心。实施科技成果转移转化示范机构建设计划，择优选择一批高校、科研机构开展科技成果转移转化示范机构建设，促进科研成果和研发能力向社会转移，市财政科技经费连续三年每年给予 50 万元经费支持。

2. 开展科技成果转移转化试点。支持有条件的高校、科研机构建设科技成果转移转化试点，开展体制机制创新与政策先行先试，探索一批可复制、可推广的经验与模式。试点高校、科研机构要进一步增强科技成果转移转化的意识，完善制度设计，建立有效的科技成果转移转化管理一揽子工作体系，包括：设立科技成果转移转化机构，培养和引进专业化技术转移人才，建立科技成果转移转化流程，完善科技成果转移转化激励机制和容错纠错机制，搭建科技成果转移转化服务平台，培育知识产权运营服务机构等。实施科技成果收益奖励补助制度，试点高校、科研机构可将科技成果转移转化所获得收益全部用于对科技成果完成人和为科技成果转移转化做出贡献的人员奖励，高校或科研机构留成部分由市科技创新发展专项资金给予补助，每家试点单位每年不超过 1000 万元。

……

经研究发现了其中的几个亮点：一是重视人才培养，制定量化考核指标，专业化技术转移人才达到 500 名以上；二是重视机构培育，制定量化考核指标，实现市级以上技术转移机构数量增长 50%，大力给予资金支持，实施科技成果转移转化示范机构建设计划，择优选择一批高校、科研机构开展科技成果转移转化示范机构建设，促进科研成果和研发能力向社会转移，市财政科技经费连续三年每年给予 50 万元经费支持；三是重视体系建设，建立有效的科技成果转移转化管理一揽子工作体系，包括：设立科技成果转移转化机构，培养和引进专业化技术转移人才，建立科技成果转移转化流程，完善科技成果转移转化激励机制和容错纠错机制，搭建科技成果转移转化服务平台，培育知识产权运营服务机构等。实施科技成果收益奖励补助制度，试点高校、科研机构可将科技成果转移转化所获得的收益全部用于对科技成果完成人和为科技成果转移转化做出贡献的人员进行奖励，高校或科研机构留成部分由市科技创新发展专项资金给予补助，每家试点单位每年不超过 1000 万元。

目前，我国的技术创新能力已经得到了较大幅度的提升，以高校为例，很多高校的科研能力已经居于世界领先的水平，但仍然存在专利技术转化率低的问题，深入分析其根本原因，还是在于缺乏对接技术和产业的专业复合型人才，从《广州市促进科技成果转移转化行动方案（2018—2020年)》中可以看到广州市对于培养专业复合型人才的高度重视和大力支持，只有解决了核心的人才问题，相应的科技成果转化流程体系才能够健全和有效地推广应用，从而实现较好的专利技术转化和运用的效果。

三、企事业单位配套落实制度

尽管国家和地方出台了各种政策和制度，归根结底，仍然需要作为创新主体的企事业单位配套落实的相关制度，经研究认为，这其中的核心问题仍然是制度本身如何与人相结合、相互促进的问题。

牢固确立人才引领发展的战略地位，全面聚集人才，着力夯实创新发展人才基础。功以才成，业由才广，一切创新成果都是人做出来的。硬实力、软实力，归根结底要靠人才实力。只有拥有一流创新人才和一流科学家，才能在科技创新中占据优势。

创新之道，唯在得人。得人之要，必广其途以储之。要营造良好创新环境，加快形成有利于人才成长的培养机制、有利于人尽其才的使用机制、有利于竞相成长各展其能的激励机制、有利于各类人才脱颖而出的竞争机制，培植好人才成长的沃土，让人才根系更加发达，一茬接一茬茁壮成长。要尊重人才成长规律，解决人才队伍结构性矛盾，构建完备的人才梯次结构，培养造就一大批具有国际水平的战略科技人才、科技领军人才、青年科技人才和创新团队。要加强人才投入，优化人才政策，营造有利于创新创业的政策环境，构建有效的引才用才机制，形成天下英才聚神州、万类霜天竞自由的创新局面！

——摘自习近平总书记在中国科学院第十九次院士大会、中国工程院第十四次院士大会上的讲话。

正如总书记的论述，人是解决一切问题的核心，解决了人的问题很大程度上就能够推动创新主体的专利技术的转化和运用。近年，国家设立科创板并试点注册制，是提升服务科技创新企业能力、增强市场包容性、强化市场功能的一项资本市场重大改革举措。科创板首批上市共25家公司。

25 家科创板公司的发行市盈率（PE）平均值为 49.21 倍，共募资 370 亿元。

首批上市的 25 家企业共涉及 7 个行业，其中计算机、通信和其他电子设备制造业和专用设备制造业两个行业企业居多。另有铁路、船舶、航空航天和其他运输设备制造业，软件和信息技术服务业，有色金属冶炼和压延加工业，仪器仪表制造业和通用设备制造业 5 个行业。

应该说能够在科创板上市的企业具有很强的代表性，是新兴的创新企业的代表，但实际上研发投入占营业收入比例能够达到 20% 以上的企业寥寥无几。这能说明什么问题呢？经研究认为，研发投入代表的是创新主体对人的投入，特别是对人的创新能力的投入，投入的越少则说明创新主体越依赖于现有的物质、传统的技术、营销的手段等。

如果在研发创新的阶段投入很少，那么其中产生的专利的创新高度可能就会受到影响，进而则会对于后续的转化和运用的市场前景产生影响，这类似于蝴蝶效应，牵一发而动全身。

在创新主体层面，必须有落实于人的创新研发的支持制度，落实于人的创新成果的激励制度，以及建立专门的专利技术转化主管部门还是委托专业的外协单位，无论是专门的专利技术转化主管部门还是委托专业的外协单位，对于人才的要求都应当是具有扎实的技术背景、熟悉专利运营的各种模式、对于市场前景具有准确的预判能力并具有优良的法律背景。只有在国家层面的宏观指导下，地方政府的政策支持下，创新主体出台落实于人的配套制度并予以实践，才能够真正提高专利技术的转化和运用水平。积跬步以至千里，积小流以成江海，每一个创新主体都如是，我国专利技术转化和运用的水平就能够得到真正的提高。

第二节　借鉴国外专利技术转化和运用模式

一、技术许可办公室模式

技术许可办公室（Office of Technology Licensing，简称 OTL）模式，最

早于 1970 年在美国斯坦福大学成立。随后，20 世纪 80 年代，美国国会颁布了著名的《史蒂文森—怀德勒技术创新法》《拜杜法案》等法律，从政策上理顺了大学发明的产权归属，加强了大学的技术创新，进一步促进了大学和企业间的合作交流，强有力地保证了美国高校技术转移工作的快速发展。OTL 模式被越来越多的美国大学所接受，逐渐成为美国大学技术转移的标准模式。

OTL 的主要工作流程是：①发明人提交申请材料至 OTL，由 OTL 指定专人负责审查并了解其市场潜力；②在充分掌握大量信息的基础上，由 OTL 独立决定是否申请专利；③制定授权策略并征集可能会对此感兴趣的公司；④对各企业进行筛选以保证专利许可效果；⑤进行专利许可谈判，签订专利许可协议；⑥OTL 对专利许可持续跟踪，确保许可收入及时收取并进行正确分配①。

美国的 OTL 是一种较为成熟的专利技术转化模式，其核心关键是高校配备专业的专利运营相关人才，在对技术和市场进行充分摸底的情况下，寻找相关企业推进落实技术许可。

可以借鉴美国的这种模式在中国的高校建立专利技术转化办公室，专注于专利技术转化工作。但我国高校特别亟须培养专利技术转化方面的人才，这种人才既要能够全面把握国家和地方的各项相关政策，又要具有扎实的技术背景，能够全面了解技术细节，同时还应当具有广泛的市场关系，能够准确地评估专利技术的市场前景以及寻找潜在的客户。

建立专利技术转化办公室的核心在于专利技术转化人才的培养，特别是作为一种复合型人才，需要专门的教育培养体系。虽然这是目前我国高校较为缺乏的，但作为解决高校专利技术成果转化率低的核心关键，应当加大力度推动专利技术转化人才的培养，形成对专利技术理解深入透彻、对技术市场应用前景判断准确、具有广阔的人际关系和极强的沟通能力、熟悉专利运营的各种类型、具备投资和金融相关知识以及法律和风险防范意识的复合型人才队伍，搭建专利技术转化办公室的队伍体系，以解决高

---

① 王鸿奇，郭梁，郑雪葳. 国外高校专利技术转化模式及对我国高校的启示［J］. 技术与创新管理，2014，35（04）：331.

校专利技术成果转化的核心问题。

二、知识产权科技园模式

人类有史以来形成的一种常见的价值交换模式就是等价交换，但触发等价交换的前提条件是，有供求双方的存在。如何解决知识产权供求双方对接的问题是行业长久以来面临的现实问题。以正常的市场销售模式作为参照，不难看出集群化是打通知识产权供求双方对接的重要渠道，一方面降低宣传推广的成本，另一方面提供选择的余地。

知识产权作为一种智力成果本身就是一种新鲜事物，其转让、许可、转化的难度远远高于一般的商品，因为其极大的附加值本身就伴随着风险和供求关系不对称。世界上最早的科技园是美国的斯坦福研究园，也就是现在的"硅谷"。该园以斯坦福大学为技术依托，以电子技术和半导体技术为特色，逐渐吸引了企业入驻，通过企业投入大量研发和中试资金，为大学的科研成果从实验室走向市场提供了保障。

科技园模式的底层逻辑也是集群化，通过集群化不断拓宽影响力，降低供求双方的对接成本。对于专利技术而言，同样可以借鉴国外的科技园模式，以地区性或者专利技术本身的类别属性进行归类，由政府牵头组建知识产权科技园，利用政府的平台推广宣传，吸引潜在的需求方，从而可以推动专利技术的转化和运用。

三、其他转化模式

美国还存在一种较为先进的知识产权管理模式，即技术管理公司模式。这种模式由完全独立的公司来负责大学的专利申请和技术许可，大学和公司依据合同约定分配许可收益，类似于知识产权托管。目前，我国的知识产权服务机构也具有相应的职能。但这种模式需要解决的核心问题仍然是专业人才的问题。因此，对知识产权服务机构的专业人才队伍需要提出更高的要求，才能够有效推动专利技术的转化和运用。

研究基金会模式最早在美国威斯康星大学建立，是一种非营利性的独立法人组织，优势在于其运作方式上具有独立性，具有较强的资金支持。其他还有美国的国家技术转移中心（NTTC）模式，日本的育成中心模式、国立研究所模式，英国的专业协会转化模式、营利性中介机构转化模式等。这些模式的管理方式和工作流程不尽相同，但都在不同程度上对推动大学和企业间技术交流、技术转化起到了重要的作用①②。

　　总的来说，我国政府以及创新主体在借鉴国外相关模式的同时，应当深入分析这其中的运营机制，解决核心的人才问题，才能够真正推动我国专利技术转化，解决当务之急。

第三节　高价值专利技术的转化和运用

一、合理运用专利导航、评议、预警

　　2013 年，国家知识产权局先后印发了关于实施专利导航试点工程的通知、关于组织申报国家专利导航产业发展实验区的通知、关于组织申报国家专利协同运用试点单位的通知、关于组织申报国家专利运营试点企业的通知和关于确定国家专利导航产业发展实验区、国家专利协同运用试点单位、国家专利运营试点企业的通知等文件。

　　专利导航应运而生，专利导航实际上是以专利与产业相融合的研究方法，为产业转型升级、企业创新发展提供关于定位、方向及其路径信息的决策规划辅助方法。

　　经过多年的发展，专利导航的概念已经深入人心，在国家知识产权局的大力推动下，取得了丰硕的成果。由国家知识产权局组织起草的《专利导航指南》（GB/T 39551—2020）系列推荐性国家标准于 2020 年 11 月 9

---

① 王欣. 高校科技成果转化机理与对策研究［M］. 北京：科学出版社，2017：11 - 13.
② 朱晓俊，赵栩，姜宝林，等. 科技成果转化的内蒙古之路［M］. 北京：经济管理出版社，2018：19 - 24.

日批准发布，并于 2021 年 6 月 1 日起正式实施。

专利技术的转化和运用作为专利价值呈现的最终环节与专利导航密切相关。专利技术能否顺利转化和运用与产业和企业的定位密切相关，如果产业的发展方向错误，企业的决策部署失误，那么可能会产生两种结果：一是研发成果无法获得专利权，可能的原因是研发成果不具有新颖性、创造性、实用性等；二是即使能够将研发成果转化为专利权，但专利技术无法产业化，无法真正实现其价值，可能原因有技术与产业脱节、市场前景有限等。

因此，专利导航是影响专利技术转化和运用的重要环节，其核心作用在于从开始就厘清技术脉络，把握研究方向，掌握现有技术，抓住空白点，为后续的专利申请以及专利技术的转化和运用打下基础。

2008 年国务院颁布的《国家知识产权战略纲要》提出："建立健全重大经济活动知识产权审议制度。扶持符合经济社会发展需要的自主知识产权创造与产业化项目。"随后，《国务院关于新形势下加快知识产权强国建设的若干意见》与《"十三五"国家知识产权保护和运用规划》提出了在重大经济和科技活动开展知识产权评议。近年来，全国各主要省市也纷纷构建知识产权评议工作机制，开展重大经济科技活动知识产权评议试点工作。

以广东省为例，广东省科学技术厅针对广东省重点领域研发计划中的重大专项，包括新一代人工智能、第三代半导体材料与器件、新能源汽车、智能机器人和装备制造、激光与增材制造芯片、软件与计算、量子科学与工程、脑科学与类脑研究、精准医学与干细胞、现代种业、新一代通信与网络等，开展立项前的知识产权分析评议，该项工作委托审协广东中心开展。

知识产权分析评议工作中，法律类分析模块包括知识产权法律信息查证、知识产权权属关系查证、知识产权法律风险分析、知识产权相关权利义务调查、目标市场知识产权法律环境调查、知识产权相关协议条款审查、知识产权稳定性评价、知识产权保护强度评价等；技术类分析模块包括专利技术趋势分析、专利技术竞争热度分析、创新空间分析、创新启示分析、技术可替代性分析、技术核心度调查、技术创新度评价、技术成熟度调查等；市场类分析模块包括产业知识产权竞争状况调查、知识产权关联度调查、目标对象知识产权策略及实力评价、知识产权资产审计与评估、知识产权经济效益调查等。

审协广东中心承担的该项工作较好地支撑了立项项目的风险评估，为项目后期的组织实施打下了坚实的基础。知识产权分析评议能够解决的核心问题就是专利风险的问题，从专利技术竞争热度、产业知识产权竞争状况、是否存在侵权嫌疑等角度进行深入的分析，从而确保在后期的专利技术转化和运用的阶段能够有效规避专利侵权等风险。

为了应对国外企业的专利诉讼，改变我国企业被动挨打的局面，近年来专利预警工作开始受到政府和企业的高度重视。专利预警是指在专利分析的基础上，对可能发生的重大专利争端和可能产生的风险或危害程度进行预测，并根据风险程度的不同及时向有关政府部门、行业组织、企业决策层发出警示预报的工作。建立专利预警机制可以使企业规避专利侵权行为，减少专利纠纷的发生，更好地应对国际竞争对手和专利海盗发起的专利攻击，从而在市场竞争中赢得主动，维护企业的相关利益①。

专利预警实际上是最早的知识产权服务工作之一，其产生的根本原因在于我国专利制度发展的时间较短，特别是在早些年，专利制度还得不到社会公众的足够重视。往往是官司来了，企业才会去思考什么是专利，侵犯了别人的什么权利。因此，专利预警则应运而生，在企业遇到相关问题的时候，可以利用预警分析的手段，判别技术的侵权风险，从而为后续的市场化工作做好铺垫。

专利预警与分析评议有着异曲同工之妙，对于风险的关注度都很高，但专利预警则更专注于侵权风险，而分析评议则是较为综合的评价。无论如何，专利预警作为传统的应急专利分析策略能够在风险判别的层面上对专利进行较为透彻的分析，并为专利技术的转化和运用保驾护航。

二、培育高价值核心专利组合

影响专利技术能否得到充分的转化和运用的因素很多，但不可否认的

---

① 贺德方. 中国专利预警机制建设实践研究 [J]. 中国科技论坛，2013（05）：118.

是，专利本身的价值特别是核心专利本身的价值占有举足轻重的地位，甚至可以说是决定性的。而酝酿高价值专利这一概念并提出培育高价值专利这一目标，自我国实施知识产权战略起，就在一项项政策的出台中一点一滴逐步成型。2008 年，国务院颁布《国家知识产权战略纲要》，知识产权战略首次上升为国家战略。这一时期，随着知识在经济社会发展中的作用越来越突出，我国认识到必须把知识产权战略作为国家重要战略，切实加强知识产权工作，实现知识产权的市场价值。为深入贯彻落实《国家知识产权战略纲要》，国家知识产权局在 2010 年发布《全国专利事业发展战略（2011—2020 年）》，在战略重点和保障措施方面，明确提出了促进高等院校、科研院所有价值专利的运用，增强专利价值评估能力，积极引导市场主体重视专利价值挖掘。这时，我国专利事业发展对"高价值专利"的呼唤已初现端倪，深入实施知识产权战略奠定了我国推进高价值专利培育的基础。

2014 年 7 月 11 日，李克强总理会见时任世界知识产权组织总干事高锐时首次提出"努力建设知识产权强国"。随着早期高价值专利概念的提出，2014 年，国务院办公厅转发《深入实施国家知识产权战略行动计划（2014—2020 年）》指出，要进一步提高知识产权拥有量，促进知识产权结构明显优化，大幅增加核心专利、知名品牌、版权精品和优良植物新品种。到 2015 年，高价值专利这一概念逐步成熟，《国务院关于新形势下加快知识产权强国建设的若干意见》正式提出中国特色、世界水平的知识产权强国总目标，提出了"实施专利质量提升工程，培育一批核心专利"的重要任务。由此，高价值专利培育正式开启了体系构建。

2016 年 12 月底，国务院印发《"十三五"国家知识产权保护和运用规划》将"专利质量提升工程"明确列为"提高知识产权质量效益"的重点工作，要求促进高价值专利的实施。国家知识产权局着力实施专利质量提升工程，明确提出要以"高水平创造，高质量申请，高效率审查，高效益运用"为目标，全面促进专利创造、申请、代理、审查、保护和运用的全链条各环节的质量提升，加快高价值专利的培育。

高价值专利的培育应当贯穿于专利生命的全流程当中，在研发阶段注重高质量的创造，想清楚要做什么、目的是什么、能够解决什么问题、其他的现有技术是否也能够解决该问题，通过专利信息的检索充分把握技术的创新高度。在完成了研发过程后，研发人员应当与创新主体的市场和知识产权相关部门的管理者以及服务机构的专利代理师共同研究挖掘技术的核心价值，了解市场的应用前景，找到核心的发明构思，撰写高质量的专利申请文件。递交专利申请后，在专利的审查过程中，专利申请人或者代理方应当充分注意意见答复和修改的程序，避免不必要的权利放弃，或者由于意见答复中不恰当的表述导致权利受损。在获得了专利权以后，应当注意专利权的合理维护，并充分发挥专利权利的价值，通过专利运营将专利商品化、价值化，通过自主实施、合作实施或者委托实施等，将专利技术转化落地。

三、实现高价值专利的核心价值

在国家层面的大力推动下，专利技术转化和运用的法律制度日臻完善，严保护、大保护、快保护、同保护的体系逐渐形成，随着地方政府逐步配套相关政策，专利技术转化和运用的市场环境稳步向好，科研院所、企业等创新主体的专利产业化意识逐渐增强。

在国家层面重视法律制度体系建设，地方政府层面重视专项政策配套，创新主体层面重视创新创造水平以及专业人才培养的大背景下，高价值专利的转化和运用的体制机制必将逐步完善。

专利技术转化和运用是对专利制度的落实，是专利技术价值的体现，能够将专利技术落地实施，是专利制度设置的本源，是专利权人因发明而获利的最主要的方式。同时，将专利技术转化和运用后，专利技术在市场化过程中，有待改进之处会进一步得到发现，从而促进专利技术的二次创新。此外，全球产业格局已经初步形成，如何打破已有的模式，寻求改革创新也是知识产权界的新课题。而只有实践才能够出真知，专利技术转化和运用也将成为区域规划、产业升级、企业战略部署的核心关键。

总而言之，专利技术的转化和运用是高价值专利的价值呈现的环节，是发挥专利市场属性的根本所在。高价值专利也只有在专利技术得到充分转化和运用的情况下，才能够认为是高价值的。